Afalau Cymru

Gwreiddiau Traddodiadol

Carwyn Graves

gyda chyflwyniad gan Gerallt Pennant

Gwasg Carreg Gwalch

Argraffiad cyntaf: 2018

ⓗ testun: Carwyn Graves

ⓗ cyhoeddiad: Gwasg Carreg Gwalch 2018

Rhif rhyngwladol 978-1-84527-680-5

Cynllun clawr: Eleri Owen

Cyhoeddir gan Wasg Carreg Gwalch,
12 Iard yr Orsaf, Llanrwst, Conwy, LL26 0EH.
Ffôn: 01492 642031
e-bost: llyfrau@carreg-gwalch.cymru
lle ar y we: www.carreg-gwalch.cymru

Cydnabyddiaeth

Dymuna'r awdur gydnabod gwaith John Williams-Davies, Amgueddfa Werin Cymru o fewn y bennod ar seidr Cymreig.

Darluniau:

ⓗ Hawlfraint y Goron (2017), Croeso Cymru, tud. 24, 30, 33, 37, 41, 61, 67

Pant Du, Penygroes tud.: clawr, 5, 11, 90, 99

Marian Delyth, tud. 99

Amgueddfa Werin Cymru, Sain Ffagan tud. 62, 76, 77, 82

Gwasg Carreg Gwalch tud. 23, 29, 37, 71, 79, 80

Isod, perllan ifanc yng ngwlad y seidr, Sir Fynwy

Cynnwys

Rhagair

Haelioni, dyna rinwedd mis Mai, yn hael ei liw a hael ei flodau, ac o holl flodau'r mis, mae blodau'r afallen gyda'r mwyaf cyfareddol. I mi, mae'r llun gyferbyn yn llawer mwy na chofnod o'r blodeuo tymhorol. Dyma ddelwedd o'r afallen yn ei chyd-destun Cymreig, yn tyfu ym mhridd ein gwlad gyda Chraig Cwm Silyn yn gefnlen gadarn i asbri'r blodau. Rhinwedd arall y llun ydy'r addewid sydd ynddo. Wedi'r blodeuo fe ddaw'r ffrwythau, rhai'n felys ac eraill yn sur, pob un â'i gymeriad a'i flas amheuthun. Dagrau'r oes archfarchnadol ydy'r dewis cyfyng o afalau, gyda dim ond llond dwrn o ffrwythau unffurf, dyna'r drefn gwaetha'r modd.

Ond mae gobaith y daw tro ar fyd, ac mae'r gyfrol hon yn arwydd o hynny. Mae'n blethiad o chwedl a hanes, a chawn olwg hefyd ar arferion gwledig a hyder di-ben-draw oes Victoria, ac yn bennaf oll y canrifoedd o ymwneud pobl Cymru â'r afallen a'i ffrwythau. Mae ynddi gofnod o arloeswyr megis John Basham ac Andrew Pettigrew, amheuwyr megis Gerallt Gymro (na chredai fod tir a daear Cymru yn gydnaws â thyfu ffrwythau). Mae'n pontio'n hwylus o gyfnod Hywel Dda i oes Meddygon Myddfai a chawn gip ar ddoniau garddwriaethol David Lloyd George, pob un o'r rhain â'u cyfraniad i gyfoeth hanes yr afal ymysg y Cymry.

Ceir cyfoeth mewn enwau megis 'Cawr y Berllan' a 'Calon garreg', 'Melus y Gwiail' a 'Cyfaill Gorau'. Dyma enwau sy'n ymddangos yn ysgrifau Iolo Morganwg, a phwy ond Iolo fyddai wedi tadogi'r enw 'Twyll Efa' ar afal? Ond efallai mai'r enw mwyaf adnabyddus ymysg ein hafalau cynhenid erbyn heddiw ydy Afal Enlli, ac mae stori adfywiad yr afal yma yn llawn haeddu ei lle yn hanes achub yr hen rywogaethau Cymreig.

Blodau'r gwanwyn ar goeden Afalau Enlli ym mherllan Pant Du, Eryri

Wrth ddiogelu'r hen rywogaethau, fe ddaw awydd newydd i arbrofi ac ailafael yn y grefft o gynhyrchu seidr. Cawn gip ar fywyd teithiol criwiau mathru afalau'r oes o'r blaen a dathlu'r adfywiad sy'n golygu bod seidr Morgannwg, Arfon a Maesyfed cystal bob diferyn â chynnyrch Swydd Henffordd a Llydaw.

Pleser ydy croesawu'r gyfrol hon am afalau Cymru, a diolch i Carwyn Graves am grynhoi cymaint o wybodaeth werthfawr rhwng ei chloriau. Bu yntau, fel yr afallen, yn hael, ein braint ni ydy gwledda ar yr haelioni hwnnw.

Gerallt Pennant
Mai 2018

Perllan Aberglasni, dyffryn Tywi
(© Nigel McCall)

Cyflwyniad

Mae afalau i'w cael ym mhobman yng Nghymru heddiw; bydd afal neu ddau i'w gael mewn powlen mewn unrhyw dŷ, siop gornel a ffreutur. Ond os ewch i archfarchnad i brynu afal heddiw, dewis cymharol gyfyng fydd gennych: *Gala*, *Golden Delicious* a *Braeburn* efallai, ac yna *Bramleys* i'w coginio. Mewn marchnad ffermwyr bydd y dewis ychydig yn ehangach, ac os byddwch yn ffodus, efallai y cewch chi afael ar ffrwyth o'r enw *CoxWindsor*. Ond ganrif yn ôl roedd cannoedd ar filoedd o fathau o afalau ar gael ym Mhrydain. Roedd hen draddodiad o dyfu a bridio afalau yn golygu bod nifer o afalau lleol, a'r rheiny wedi eu haddasu i ffynnu o dan amgylchiadau penodol pob ardal (e.e. hinsawdd ac uchder y tir). Yn Lloegr mae dros 2,000 o fathau traddodiadol o afal wedi eu hachub. Ond beth am Gymru? A oes traddodiad o dyfu afalau yng Nghymru?

Does dim lle blaenllaw i ffrwythau yn ein hymwybyddiaeth ni fel cenedl. Dyw ffrwyth ddim yn rhan o'n diwylliant yn yr un ffordd â'r ci defaid, dyweder, neu gig oen. Does dim yr un bri ar arddwriaeth yma ag y sydd yn Lloegr, er enghraifft, ac mae'r llyfrau hanes yn tewi pan ddaw hi i sôn am ffrwythau. Mae digon o resymau hanesyddol dros hynny. Roedd Gerallt Gymro, er enghraifft, yn bendant nad oedd gan y Cymry ddiddordeb mewn ffrwyth neu erddi, gan ddweud nad oeddent 'yn arfer nac o berllannau nac o erddi'. Ac o edrych ar lyfrau ar gogyddiaeth Cymru, fe fyddech chi'n tueddu at yr un casgliad, sef na fu traddodiad o dyfu ffrwythau yng Nghymru erioed:

'Wales has never produced much fruit as the soil and climate are not suitable'[1]

Hawdd fyddai tybio mai mewnforio ein ffrwythau o siroedd ffrwythlon Lloegr yn hanesyddol, ac o weddill y byd yn fwy diweddar, yw swm a sylwedd ein hymwneud â'r maes. Mwynhau afal da o swydd Henffordd, efallai, a chasglu mwyar neu hel llus o'r cloddiau ac o'r ffriddoedd.

Ond os felly, pam fod cymaint o hen

Arddangosfa yng Ngardd Fotaneg Genedlaethol Cymru yn cynnwys dros 400 o fathau hynafol o afal o ar draws ynysoedd Prydain (© Tim Afalau Hanesyddol Cymru)

ffermdai yng Nghymru o'r enw 'Ty'nyberllan'? Pam fod gennym ni gân werin enwog sy'n dechrau 'Dacw 'nghariad i lawr yn y berllan...'? A pham fod gan yr afal le blaenllaw yn ein chwedloniaeth ni, a chwedloniaeth y gwledydd Celtaidd eraill, os na thyfid afalau yma?

Po fwyaf y byddwch chi'n twrio i hanes a diwylliant Cymru, mwyaf o dystiolaeth sy'n bodoli yn gwrthddweud Gerallt Gymro a'r llyfrau coginio fel ei gilydd. Y mae traddodiad o dyfu afalau yma yng Nghymru sydd lawn mor hen a chyfoethog, yn ei ffordd ei hun, ag

unrhyw wlad arall yn Ewrop. Y mae i'r traddodiad hwn wreiddiau yn hen ddiwylliant y Celtiaid, ac fe gyfrannodd y Rhufeiniaid, Hywel Dda, y mynachod canoloesol ac arglwyddi'r plastai yn helaeth iddo yn eu ffyrdd eu hunain.

Yn y gyfrol hon, byddwn ni'n olrhain hanes yr afal yng Nghymru o'r dechreuadau hyd ein hoes ni. Y mae traddodiad yr afal yng Nghymru yn stori ddifyr, sy'n cyffwrdd â chwedloniaeth, llenyddiaeth, y gegin, y ddiod feddwol a byd amaeth. Wrth ddilyn y trywydd, cawn weld bod hanes yr afal yng Nghymru yn cwmpasu pob cornel o'r wlad, ac yn taflu goleuni ar ein hanes ni fel cenedl.

(Chwith) Blagur Ebrill – symbol tragwyddol o harddwch a bywyd newydd (© Andrew Tann)

(Dde) Y berllan yn ei ffrwythau ym Mhant Du, Eryri

Pennod 1
Hanes a threftadaeth yr afal yng Nghymru

Gwreiddiau chwedlonol

O blith yr holl ffrwythau, mae lle arbennig i'r afal yn niwylliant Cymru. Y mae'r dystiolaeth am ei bwysigrwydd yn dechrau ym myd cynhanesyddol y chwedlau, a chyfeiriadau at yr afal yn britho straeon aelwydydd o Iwerddon i wlad Groeg. Roedd y mwyafrif o bobloedd Ewrop yn y mileniwm cyntaf cyn Crist yn perthyn i'r teulu Indo-Ewropeaidd, a byddai syniadau, ffasiynau a straeon yn cael eu rhannu yn ôl ac ymlaen ar draws y cyfandir.

Yn chwedloniaeth Groeg, byddai afalau euraid yn cael eu cysylltu â bywydau'r duwiau. Yn ôl y chwedl, cafodd distryw enwog Troas ei sbarduno gan flys y dduwies Aphrodite am afal euraid y dyn ifanc, Paris. Un o ddeuddeg tasg yr arwr Hercules oedd dwyn afalau hud o ardd yr Hespiredes, merched Seren yr Hwyr, a cheir cyfeiriadau at afalau yng ngweithiau'r beirdd mawr Lladin a Groeg megis Ofydd a Homer.

O droi i bellafion gogleddol Ewrop, rhoddid bri llawer uwch i'r afal, os rhywbeth. Yn chwedlau'r hen Lychlynwyr fe'u portreadir fel bwyd y duwiau, bwyd â phwerau ganddo i roi i'r sawl a fyddai'n

Paentiad yr arlunydd Cranach o'r arwr Hercules yn dwyn afalau'r Hesperides

ei fwyta fywyd ac ieuenctid tragwyddol. Fe barhaodd yr afal, yn wir, i fod yn symbol pwerus mewn chwedlau a straeon tylwyth teg ar draws diwylliannau Ewrop, o hanes Almaenig Eira Wen i William Tell o'r Swistir.

Ystyrid pren a ffrwyth yr afallen yn sanctaidd yn y byd Celtaidd hefyd, a cheir cyfeiriadau at yr afal mewn chwedloniaeth yn ymestyn ar draws y byd Celtaidd o Iwerddon i Lydaw. Ond yn aml, y mae mwy o amwysedd yn perthyn i fendithion yr afal yn y chwedlau hyn o'u cymharu â chwedlau'r Cyfandir, yn Glasurol neu'n Llychlynnaidd. Mab i Conn, Goruchaf Frenin Iwerddon, oedd Conle, ac mewn chwedl nid annhebyg i hanes Pwyll a Rhiannon, fe saif un diwrnod ar fryncyn a gweld menyw brydferth eithriadol, ond ni all neb arall yn ei gwmni ei gweld hi. Y mae hithau'n ei demtio i'w dilyn i Dir Hyfrydwch, ac yn taflu afal ato cyn diflannu o'i olwg. Y mae'r afal hwn yn ddigon i'w borthi am fis cyfan, ond bod pob blas ohono yn ei lenwi â hiraeth dyfnach am y fenyw a'i thir perffaith. Yn yr un modd mewn chwedl arall, cawn Osian yn Nhír na nÓg yn marchogaeth ar ôl menyw dywyll,

Enwau'r afalau yn yr Ieithoedd Celtaidd.

Mae ffurf y geiriau yn dystiolaeth eu bod oll yn tarddu o'r un gwreiddyn; rhywbeth tebyg i *abalo yn y Gelteg wreiddiol. Yr un gwreiddyn yw hwn ag a ddaeth â'r Saesneg 'apple', yr Almaeneg 'Apfel' a hyd yn oed y Rwsieg 'jabloko'. Yn yr ieithoedd Celtaidd modern, gelwir yr afal yn:

> *Cymraeg: afal*
> *Cernyweg: aval*
> *Llydaweg: aval*
> *Gwyddeleg: ubhal, úll*
> *Gaeleg: ubhall*
> *Manaweg: ooyl*

hardd a chanddi afal euraid yn ei llaw. Neu ystyriwn chwedl yr arwr Gwyddelig Blamain, a genhedlir tra bod ei fam yn bwyta yr unig afal sy'n tyfu ar goeden yng ngardd ei thad. Cysylltir yr afal felly ag ieuenctid a ffrwythlondeb yn y chwedlau hyn o Iwerddon, ac mae'n debyg y byddai'r hen Gymry wedi gwneud cysylltiadau tebyg, er nad oes sôn uniongyrchol am yr afal yn y Mabinogi.

Ond fe geir sôn am berllan, pan fo Rhiannon yn cynnal gwledd briodasol i Gwawl ac yn gorchymyn i ddynion Pwyll 'aros y tu allan i'r llys yn y berllan'.

Yn ddi-os, fe gysylltid yr afal â'r arallfydol yn niwylliant cynnar Cymru: ynys Afallon, hynny yw 'Ynys y Coed Afalau', yw enw'r ynys baradwysaidd lle'r aeth yr enwocaf o holl frenhinoedd y byd Celtaidd, y brenin Arthur, i orffwyso ac i ddisgwyl ei alw'n ôl i achub Prydain y dyfodol. Mae enw'r ynys ei hun yn gliw i ni ynglŷn â'r bri a roid i'r afal yn y diwylliant Celtaidd, gan mor agos yw 'afallon' i'r gair 'afallen'. Gallwn dybio mai ystyr gwreiddiol 'Afallon' felly oedd

Perllan mewn tirwedd hynafol – rhywbeth felly fyddai gan awduron canoloesol mewn golwg wrth sôn am berllan
(© Wade Muggleton)

Afalau Cymru

Tŵr enwog Glastonbury yng ngwlad yr Haf – ardal ag iddi gysylltiadau â'r afal sy'n mynd yn ôl ganrifoedd

ynys lle mae'r coed yn blaguro ac yn dwyn ffrwyth ar yr un pryd. Yma, mae'r mordeithiwr Máel Dúin yn torri gwialen iddo ef ei hun, gwialen sy'n tyfu ac yn rhoi tri afal iddo, a phob un o'r afalau hynny yn ddigon i'w gynnal am 40 noson.

Yn wir, roedd y derwyddon yn dewis defnyddio pren yr afallen neu'r ywen o blith yr holl goed ar gyfer eu gwialenni. Gyda dyfodiad Cristnogaeth i Gymru collodd yr hen chwedlau eu pwysigrwydd yn raddol. Ond aros wnaeth nerth symbolaidd yr afal, a'i drosglwyddo o'r hen dduwiau i'r ffrwyth gwaharddedig yng ngardd Eden. Yn nhestun Hebraeg gwreiddiol yr Hen Destament, dim ond 'ffrwyth' sydd yno, ond yn Ewrop yr Oesoedd Canol, fe ddatblygodd yn afal yn nychymyg y bobl. Dim ond atgyfnerthu lle'r afal fel y ffrwyth goruchaf un, yng Nghymru fel yng ngweddill Gogledd Ewrop, wnaeth hyn.

Ffrwyth masnach Rufeinig

Ond beth oedd gan adroddwyr y chwedlau hyn dan sylw pan sonient am afalau? Nid yw'r afal yr ydym ni oll yn ei adnabod ac yn gyfarwydd ag ef heddiw yn

'ynys yr afallennau' neu 'ynys yr afal'. Mae'n ddigon posib bod cysylltiadau diweddarach y brenin Arthur â Glastonbury yng Ngwlad yr Haf wedi ychwanegu at y cysylltiad hwn.

Ceir rhagor o dystiolaeth fod yr afal yn ffrwyth paradwys i'r Celtiaid yn y straeon Gwyddelig am ynys Emain Ablach mewn chwedloniaeth Wyddelig,

Afallen Myrddin yn Sir Gâr

Er nad yw mor amlwg yn chwedlau Cymru â chwedlau'r Ynys Werdd, mae i'r afal le pwysig yn chwedloniaeth y Cymry. Ceir sôn am Afallen (= *coeden afalau*) Myrddin yn chwedl Ffynnongog (gw. *Llanfihangel Legends* gan Patrick Thomas). Mae'r stori yn adrodd y ffordd y cafodd ffynnon yn ardal Llanfihangel Rhos-y-corn ei henw. Goroesodd Myrddin fab Morfryn frwydr Arfderydd yn erbyn lluoedd Rhydderch Hael ond aeth yn wallgof wrth brofi ei herchyllter,ac yntau'n colli pedwar brawd ar faes y gad. Treuliodd flynyddoedd yn crwydro'r coedwigoedd heb ddod ar draws yr un dyn byw. Un dydd, dyma fe'n dod i fynydd Rhos-y-carneddau a dechrau ymlwybro i lawr i'r dyffryn. Dyma fe'n stopio am hoe fach mewn llannerch braf, ac mae'r chwedl yn parhau fel hyn:

'Roedd dwy goeden yn cysgodi'r dŵr croyw, ffres – gwernen ac afallen yn drwm dan ei ffrwyth. Roedd fel petai'r wernen yn penlinio o'i flaen, a dyma Myrddin yn cyffwrdd â'r boncyff er mwyn ei chyfarch cyn yfed o'r ffynnon. Wedi cael dracht, trodd at yr afallen a chymryd peth o'i ffrwyth. Wrth iddo eistedd i fwyta'r afalau canodd gân o ddiolch i'r goeden oedd wedi eu cynhyrchu. Molodd y goeden am iddi roi iddo fwyd a chysgod lle gallai guddio rhag milwyr Rhydderch. Aeth y gân hon ar gof ac fe'i gelwid yn 'Afallen Myrddin'.

gynhenid i Gymru – nac ychwaith i gyfandir Ewrop! Yr afallen wyllt – *malus sylvestris* – sy'n tyfu'n naturiol yn y wlad hon, ac mae'n debyg mai dyna y cyfeirir ati yn rhai o'r chwedlau Celtaidd hynaf o leiaf. Mae'n debyg mai gyda'r Rhufeiniaid y daeth ein hafal melys cyfarwydd ni – *malus domestica* – i Gymru am y tro cyntaf, a chyda hynny grefft grafftio a thyfu afalau mewn gerddi a pherllannau. Roedd crefft tyfu afalau wedi cyrraedd y Rhufeiniaid o'r dwyrain – oddi wrth y Groegiaid a'r Persiaid – ac roedd awduron Rhufeinig yn gallu rhestru dros ugain o wahanol fathau o afal wrth eu henwau, a Phlini'r hynaf, er enghraifft, yn adnabod 23 math gwahanol o afal yn y ganrif gyntaf O.C.[2] Mae tystiolaeth archeolegol o gyllyll impio, a phyllau coed mewn safleoedd Rhufeinig yn Lloegr,[3] ac o goed afalau yn cael eu tyfu yng ngerddi'r plastai Rhufeinig.[4] Awgryma hyn oll, nid yn unig fod pobl yn tyfu afalau yn eu gerddi yn ystod oes y Rhufeiniaid ym Mhrydain, ond hefyd bod y sgiliau angenrheidiol i'w lluosogi yn gyfarwydd iddynt ac yn cael eu trosglwyddo i'r genhedlaeth nesaf. Cafodd hen dabledi eu cloddio yn adfeilion Mur Hadrian, sy'n rhoi amcan i

Wal Hadrian yn estyn ar draws anghyfannedd yr Hen Ogledd – hawdd deall awydd y milwyr yno am ddanteithion
(© Alexander Shaw)

Cynefin naturiol yr afal, mynyddoedd y Tien Shan.

ni o ddeiet arferol y milwyr a oedd yn gweithio yno. Gofynnodd un milwr ar ei restr siopa am gant o afalau, ond 'dim ond os gallwch ddod o hyd i rai blasus'.[5] Roedd trigolion Prydain Rufeinig yn amlwg yn gyfarwydd â rhywfaint o ddewis o ran afalau i'w bwyta!

Mae'n debyg mai'r afalau melys hyn a fewnforiwyd gan y Rhufeiniaid oedd y rhai yr aeth St Teilo gydag ef i Lydaw yn yr hanesion canoloesol amdano. Yn ôl y croniclwyr canoloesol, ganed St Teilo yn y flwyddyn 500, yn ŵyr i'r brenin Ceredig o Geredigion.[6] Yn y flwyddyn 549, roedd pla yng Nghymru ac aeth Teilo a'i ddilynwyr i Dol yn Llydaw. Yno fe blannodd berllannau gyda'i gyfaill Samson, ac oddi yno, fe honnir, y daw traddodiad enwog afalau a seidr Llydaw. Ystyrid Teilo yn sant yr afalau yn y rhan honno o Lydaw hyd yn gymharol ddiweddar. Gwyddom hefyd fod yr afal melys yn gyfarwydd i'r Gwyddelod erbyn y nawfed ganrif O.C ac mae peth tystiolaeth eu bod hefyd yn adnabod gwahanol fathau o afal erbyn hynny hefyd.[7]

Yr oedd yr afalau newydd hyn yr oedd y Rhufeiniaid wedi'u cyflwyno yn llawer mwy, a llawer melysach na'r afalau surion yr oedd y Celtiaid yn gyfarwydd â hwy tan hynny. Daeth yr afal newydd hwn o fynyddoedd y Tien Shan yng Nghasacstan fodern, ac oddi yno fe ledodd ar hyd y 'Ffyrdd Sidan' i'r gorllewin nes cyrraedd Ewrop. Y mae'n bosib bod gwreiddiau egsotig y ffrwyth newydd hwn wedi cyfrannu at y chwedloniaeth a dyfodd o gylch yr afal a'r bri a roddwyd arno. Fe allai hyd yn oed fod yn gyfrifol am y ffaith y cafodd yr afal ei leoli mor aml ar ynysoedd chwedlonol – er ei fod yn ddirgelwch paham, os felly, y lleolid yr ynysoedd hynny i'r gorllewin, ac nid i'r dwyrain. Bid a fo am hynny, mae presenoldeb yr afal yn yr hen chwedlau hyn ar draws y gwledydd Celtaidd yn awgrymu'n gryf bod yr afal yn gyfarwydd i'r cymdeithasau hynny, a'u bod yn rhoi gwerth mawr arno. Y mae'r statws uchel hwn hefyd, fodd bynnag, yn arwydd mai cymharol brin oedd yr afal melys, ac y câi ei dyfu gan bobl fwy cefnog ac o dras uwch yn unig. Dyna batrwm a fyddai'n parhau yng Nghymru am y mil o flynyddoedd dilynol.

Perllannau er cynnyrch

Daw cadarnhad o'r bri hwn yng nghyfreithiau Hywel Dda, a luniwyd yn wreiddiol yn ystod y ddegfed ganrif, lle ceir gwerthfawrogiad manwl o bris afallen. Yn y rhan a elwir yn 'Gwerth Gwyllt a Dof' fe roddir gwerth ariannol i wahanol goed ac anifeiliaid. Gwerth gŵydd neu oen, er enghraifft, oedd un geiniog; roedd gwerth mochyn yn bedair ceiniog, a gwerth ychen yn 16 ceiniog. O ran y coed, nodir bod pob coeden sy'n dwyn ffrwyth cyfwerth â llwyn collen, hynny yw 24 ceiniog, ac eithrio'r dderwen a'r afallen, a oedd yn fwy gwerthfawr. Penodir gwerth afallen sur yn bedair ceiniog cyn iddi ddwyn ffrwyth, ac wedi hynny yn 30 ceiniog. Ond nodir bod pris

Y brenin Hywel Dda. Mae ei gyfreithiau yn rhoi golwg manwl i ni ar sawl agwedd ar fywyd Cymru yn y ddegfed ganrif.

Darlun o bysgod o lawysgrif y gyfraith. Roedd cyfreithiau yn ymdrin â phob math o anifail, ffrwyth a choed.

afallen felys (a elwir yn 'afallen bêr') gyfwerth â dwy afallen sur, a honnir bod y berllan yn un o 'dri thlws cenedl' – 'try thlus kenedel e gelwyr melyn a chort a pherllan' (Llyfr Iorwerth). Roedd coeden afalau melys yn ei ffrwyth, felly, yn werth cymaint â 60 o ŵyn neu 15 o foch! Dyma dystiolaeth felly y megid crefft tyfu afalau melys yng Nghymru cyn diwedd y mileniwm cyntaf ar raddfa ddigon eang

fel bod angen cyfraith i reoli'r arfer, ac mae'n amlwg o'r gwerth ariannol uchel fod y ffrwythau'n cael eu trysori.

Nid yw'n anodd dod o hyd i gyfeiriadau at yr afal mewn barddoniaeth Gymraeg gynnar chwaith, ac mae'r cyfeiriadau cynnar hyn i gyd yn awgrymu bod yr afal yn ffrwyth y byddai'r beirdd a'u cynulleidfa yn ddigon cyfarwydd ag ef. Teitl un o gerddi mwyaf adnabyddus Myrddin Wyllt yw 'Afallennau', a dechreua pob pennill gydag chyfarchiad i'r afallen:

Afallen peren per ychageu...
Afallen peren pren hyduf glas
Afallen peren a phren melyn
Afallen peren a dyf tra run
Afallen peren a dyf yn llannerch ...'

Yn Llyfr Du Caerfyrddin (c. 1250) y mae'r fersiwn hynaf o'r gerdd hon i'w chanfod, ond mae'n debyg i'r gerdd gael ei chyfansoddi gryn dipyn cyn hynny.

Y dystiolaeth gynharaf sydd gennym gan lygad-dyst o berllannau yng Nghymru yw'r cyfeiriad atynt yng ngherdd fawr y bardd Gwalchmai ap Meilyr (1130–80), 'Gorhoffedd Gwalchmai'. Ynddi sonia am weld perllannau dyffryn Hafren, ger y

Trallwng, dan flagur yn y gwanwyn:

> Gorwyn blaen auall blodeu uagwy,
> balch acen coed, bryd pawb parth yd garwy.

Y mae hyn yn gyfeiriad cynnar dros ben at berllannau yng nghyd-destun y cyfnod, ac yn awgrymu bod nifer fawr o berllannau yn y dyffryn; awgrym pryfoclyd na chyfyngid coed afalau i lysoedd yr uchelwyr a'r tywysogion yn unig. Mae'n debyg i Gruffudd ap Cynan, Brenin Gwynedd, orchymyn plannu perllannau a gerddi ar ddiwedd y ddeuddegfed ganrif.[8] Mae cyfeiriad arall cynnar mewn rhodd o ddegwm i Briordy Aberhonddu gan Roger, Arglwydd Tretŵr ym 1175, sy'n awgrymu bod afalau yn cael eu tyfu yno ar raddfa eang cyn iddynt fod yn dderbyniol fel rhan sylweddol o daliad degwm.[9]

Y mae tystiolaeth fwy uniongyrchol ynglŷn â thyfu afalau yng Nghymru yn deillio o'r Oesoedd Canol diweddar (1200–1530), ac mae'r ffynonellau sydd gennym yn cynnwys barddoniaeth, cyfeiriadau mewn testunau eraill megis cofnodion tiroedd neu groniclau, traddodiad gwerin yn ogystal â thystiolaeth archeolegol. Hyn oll er gwaethaf honiad dylanwadol ac enwog Gerallt Gymro nad oedd Cymry'r Oesoedd Canol 'yn arfer nac o berllannau nac o erddi'.[10] Yn wir, mae toreth o dystiolaeth fod tyfu ffrwythau yn arfer cyffredin mewn llysoedd, abatai a hyd yn oed gestyll ar draws tir Cymru o ddechrau'r ail fileniwm hyd ddiwedd yr

Llys Tretŵr yn y Mynydd Du ger Crughywel, lle mae afalau wedi eu tyfu ers bron fil o flynyddoedd (cc-by-sa/2.0 – © andy dolman – geograph.org.uk/p/562361)

Oesoedd Canol a'r Deddfau Uno ym 1536.

Ar draws Ewrop, y mynachlogydd a'r abatai oedd y prif ganolfannau ar gyfer crefft tyfu ffrwythau, llysiau a pherlysiau ar ddechrau'r Oesoedd Canol, a bu cynnydd mawr yn hyn o ddechrau'r drydedd ganrif ar ddeg. Y mynachlogydd oedd hefyd yn gyfrifol am fewnforio mathau Normanaidd o afal, a'u sgiliau gwneud seidr, ac fe ddatblygwyd y rhain ymhellach. Daeth llawer o'r wybodaeth hon i ynysoedd Prydain yn sgil y goncwest Normanaidd ym 1066.[11] Roedd mynachlogydd yr Oesoedd Canol bron yn gwbl hunangynhaliol; roedd i bob abaty Sistersaidd berllannau a gwinllannoedd, ac mae waliau allanol rhai ohonynt, fel Tyndyrn a Llanddewi Nant Hodni, yn bodoli o hyd. Yn wir, yn ôl Whittle roedd 12 cyfer o berllannau ar dir Llanddewi Nant Hodni.[12] Cynhaliwyd arolwg o diroedd Esgobaeth Tyddewi ym 1326, ac y mae'r arolwg hwnnw'n sôn am erddi yn Nhrefdyn, Cas-blaidd, Llawhaden, Llandyfái a Llandygwydd.[13] Sonnir yn benodol am afalau, cennin a bresych. Nodir bod tair perllan yn Llandyfái, a phedair gwinllan, a gwerth blynyddol y cynnyrch yn 13s. 4c., a chynnyrch y gwinllannoedd yn werth pum swllt. Yn yr achosion hyn i gyd, mae'n anodd credu na fyddai pobl y cylch a gweision y tai mawrion wedi sylwi a nodi'r amrywiaeth o fwydydd blasus a dyfid, a cheisio tyfu o leiaf peth ohono eu hunain hefyd.

Mewn ysgrif ar hanes gerddi yng Nghymru, noda Elisabeth Whittle:

'Orchards were important to the self-sufficient medieval household, and ranged from extensive areas known to have been planted around some abbeys and castles, to perhaps a few trees cultivated by those lower down the social scale'.[14]

Ond i bobl gefnog y perthynai tyfu ffrwythau yn bennaf, o hyd. Noda Ffransis Payne, yn ei ysgrif arwyddocaol ar hanes yr ardd yng Nghymru, fod perllannau'n gyffredin yng ngerddi cestyll, mynachlogydd a llysoedd uchelwyr fel ei gilydd, a honna fod y berllan 'weithiau yn debycach i'n syniad ni am ardd na'r un o'r gerddi eraill', gan fod yr ardd yn fan lle y gallai pobl ymlacio

Abaty Llanddewi Nant Hodni, a oedd yn berchen ar 12 cyfer o berllannau yn yr Oesoedd Canol (© Carwyn Graves)

a mwynhau.[15] Mae llawer o lenyddiaeth Hen Ffrangeg (iaith llys Lloegr trwy gydol y cyfnod hwn) yn dyst i hyn, ac yn aml portreadir gwŷr y llys yn ymlacio mewn perllan gyda'u cariadon, ac weithiau ceir hefyd adlais o hyn yn llenyddiaeth Gymraeg y cyfnod. Sonia Gerallt Gymro am berllan ym Maenorbŷr, man ei eni, gan ddweud 'there is a most beautiful orchard, enclosed between the pond and a wooded grove'. O ganlyniad, â yn ei flaen i honni: 'Manorbier is the most pleasant place by far...in all the broad lands of Wales'. Roedd i berllannau felly bwysigrwydd economaidd ond hefyd bwysigrwydd mwy annelwig i'r Cymry canoloesol, a'u gwelai yn fannau i ymlacio ynddynt a'u mwynhau.

Nododd Gerallt hefyd yr amgylchynid Llanddewi Nant Hodni 'gan winwyddau ffrwythlon, a gerddi a pherllannau.' Mae tystiolaeth am winllannau mwy trofannol, neu berllannau gellyg a ffrwythau eraill, yn awgrymu bod gan esgobion, abadau ac uchelwyr Cymru

ddiddordeb mewn tyfu amrediad eang o ffrwythau. Gwyddom o'u cofnodion i Sistersiaid Margam blannu gwinllan erbyn 1186. Anodd dychmygu y tyfid ffrwythau eraill, llai addas i hinsawdd Cymru, heb fod afalau hefyd yn bresennol ar raddfa fach, o leiaf, am fod yr afal mor ddibynadwy a chynhyrchiol. Gellid cadw rhai mathau o afalau am sawl mis heb iddynt bydru – nodwedd ddefnyddiol iawn mewn oes cynddiwydiannol. Roedd afalau felly yn fath o gnwd yswiriant, a hynny hyd yn oed mewn cyfnod pan oedd hinsawdd Cymru rywfaint yn gynhesach na chanrifoedd diweddarach. Cadwodd yr afal felly ei le blaenllaw yn niwylliant bwyd y cyfnod, a'r afal yw'r ffrwyth a grybwyllir amlaf trwy gydol yr Oesoedd Canol.

O dro i dro, mae'r cofnodion canoloesol yn rhoi golwg ychydig yn fwy personol i arddwyr a gerddi'r cyfnod. Gwyddom o gofnodion sy'n dyddio'n ôl i 1390 fod dwy berllan yn Llanelwy, ac un ohonynt yn dwyn yr enw 'Gardd y Berllan', lle roedd Gwenllïan a Thangwystl yn berchen ar 24 *rod* o dir wedi'u hetifeddu.[16]

Dyffryn Ewias gysgodol lle ceir yr abaty – man godidog am berllananau

Ses y feret
suirtar.
Et maintesfois
le escoutar.

front reluisant souras voultie
Lentreoeil si nestoit pas vng
Ainsit asset mans y mesine
Le nes eut bien fait a droiture

Sefydlwyd abaty Llandudoch yn Sir Benfro gan Urdd y Tironensiaid c. 1113, a thyfid deuddeng math gwahanol o afal yno. Cafodd y rhain eu cyflwyno gan fynachod Normanaidd yr Urdd o Tiron; yn ôl y chwedl, fe ddaeth y mynaich â nhw draw wedi'u cuddio yn eu gwisgoedd. Dim ond afalau un o'r deuddeng math hwn oedd yn dda i'w bwyta o'r goeden – 'Glas bach' – ac er nad oeddent yn dda i'w coginio chwaith, roeddent yn berffaith at greu seidr. O Normandi y byddai'r mynaich wedi dod â'r grefft o greu seidr hefyd. Enw dau o'r mathau a dyfid yno oedd 'Pren Glas' a 'Pig Aderyn', a cheir rhagor o fanylion amdanynt yn y cyfeiriadur yng nghefn y llyfr. Diddymwyd Urdd y Tironensiaid yn ystod y bedwaredd ganrif ar ddeg, ond arhosodd yr abaty yn agored tan iddo gael ei ddiddymu ym 1536. Mae'n debyg bod perllannau cyfagos Aberteifi yn llawn o fathau Seisnig o afal yr oedd De Clere o

Tunbridge wedi eu cyflwyno ym 1110. Parhau wnaeth yr arfer o dyfu afalau yn yr ardal dros y canrifoedd nesaf; mae cyfeiriadur Piggot ym 1830 a 1844 yn nodi bod tyfu ffrwythau yn fasnach broffidiol i drigolion Llandudoch ar y pryd. Ceir sôn am berllannau hefyd yng nghyfeiriadur Hunt ym 1850, lle disgrifir perllannau di-ri o amgylch Llandudoch, ac felly hefyd yng nghyfeiriadur Roberts ym 1840. Ond lleihau a diflannu oedd hanes y perllannau hyn, a'r traddodiadau oedd ynghlwm â nhw, wrth i'r ganrif fynd yn ei blaen ac wrth i fewnforio afalau o Loegr, trwy borthladd Aberteifi, fynd yn fwyfwy cyffredin.[17]

Roedd tyfu afalau yn arfer cyffredin yn nwyrain Sir Fynwy, hefyd, oherwydd presenoldeb yr abaty mawr yn Nhyndyrn. Mae cofnod canoloesol o'r ardal yn dangos mai bwydydd moethus oedd afalau mewn cyfnodau o ddirwasgiad economaidd: cyhuddwyd mynachod Tyndyrn tua diwedd y ddeuddegfed ganrif o grogi dyn ym mhentref Woolaston am ddwyn afalau, a chelu ei gorff mewn tywod.[18] Mae map diweddarach yn cadarnhau bod cae crogi yn Woolaston. Ond ar y cyfan, am eu

Darlun o berllan yn llawysgrif Harley o c. 1400. Mae'n glir bod perllannau yn cael eu gweld fel mannau i ymlacio a chymdeithasu ar y pryd

Roedd gwleddau yn rhan bwysig o fywyd canoloesol Cymru yn ystod yr Oesoedd Canol, fel y tystia canu'r beirdd

Perllannau mewn cân

Noda Elisabeth Whittle fod cynnydd mewn plannu perllannau a gerddi yng Nghymru wedi digwydd yn ystod y bedwaredd ganrif ar ddeg oherwydd diwedd y rhyfela rhwng y tywysogion Cymreig a'r Normaniaid. Yr oedd gerddi llysoedd yr uchelwyr yn ysbrydoliaeth i'r beirdd yn ystod canrifoedd olaf yr Oesoedd Canol, ac maent yn ymhyfrydu yn y prydferthwch a welent yno. Gwyddom y cafodd gerddi pleser eu plannu yn rhai o'r cestyll yn ogystal â'r abatai a'r llysoedd, ac nid yw'n afresymol tybio y plannwyd afallennau wedi'u siapio'n gain yn rhai o'r rhain.[19] Yn ei gerdd o foliant i Lys Glyndŵr yn Sycharth, mae Iolo Goch yn disgrifio ysblander ei erddi yn y 1380au neu'r 1390au, gan grybwyll melin, cwch colomennod, pwll pysgod, parc ceirw, gwinllan a pherllan:

Adfeilion abaty Llandudoch, ardal ag iddi hanes afalaidd yn estyn yn ôl i oresgyniad y Normaniaid (© Carwyn Graves)

croeso yr adwaenid y mynachlogydd a'r abatai, ac roedd Tudur Aled yn uchel ei glod am 'ffrwyth perllannau' a chig dibrin Glyn y Groes yn Sir Ddinbych. Canai Guto'r Glyn hefyd glod i gynnyrch perllannau'r abaty a synnai at yr amrywiaeth oedd ar gael yno.

Ac o gylch i hon / naw o arddau yn wyrddion'.
Castell Dryslwyn ar ei graig uwchlaw afon Tywi. (© Dr Carys Jones)

Pob tu'n llawn, pob tŷ'n y llys,
perllan, gwinllan, gaer wenllys.

Roedd bod yn berchen ar ardd ffrwythau i'w weld yn nodwedd o statws i uchelwyr Cymreig y cyfnod, ac yn ddigon tebyg i oesoedd diweddarach, roedd fel petai'n cynrychioli hawddfyd a bywyd moethus. Mae Lewys Glyn Cothi yn canu am berllannau a gwinwydd o gwmpas Castell Dryslwyn yng nghanol y bymthegfed ganrif:

Iddaw fo mae neuadd falch
Ac yn wengaer gan wyngalch,
Ac o gylch ogylch i hon
Naw o arddau yn wyrddion,
Perllanwydd a gwinwydd gwŷr,
Derw ieuainc hyd yr awyr.

Yn yr un modd, fe gyfeiria'r bardd Gruffudd Llwyd yn ei gerdd 'Cywydd i ddanfon yr haul i annerch Morgannwg' at:

Coed a maes lle caid y medd
Pob plas, teg yw'r cwmpas tau,
A'r llennyrch a'r perllannau [20]

Ac nid yn unig ar dir bras a hinsawdd mwyn y de a'r gogledd-ddwyrain yr oedd y rhain; roedd dwy berllan yn perthyn i Lys Ieuan ap Llywelyn Fychan ar ymyl Fforest Glud ym Maelienydd, a disgrifiodd Lewys Glyn Cothi hwynt:

Dwyardd y sy'n lle dien
Unwedd wrth eu neuadd wen
O'r naill ran dwy berllan bêr
A llynnoedd o'r naill hanner

*Tir bras bro Morgannwg, ardal o
'afalau euraid' yn ôl Thomas Leision
(© Carwyn Graves)*

Gwyngalchedig oedd adeiladau Cymru at ei gilydd am y rhan fwyaf o'i hanes – yn eglwysi, cestyll a thai (fel yma) fel ei gilydd (© Carwyn Graves)

Afalau aur sydd yn cymryd sylw Thomas Leision wrth iddo ysgrifennu am berllannau Sain Dunwyd ym Mro Morgannwg:

Afalau euraid a dyfant yn yr ardd a chreigiau
Eraid, – llyna bethau hardd i fwrw golwg arnynt

Yn wir, yn ôl dogfen yn Gymraeg am Gastell Rhaglan o dan William ap Thomas a fu farw ym 1445, roedd yno 'berllannau yn llawn o goed afal, ac eirin a ffigys a cheirios a grawnwin ac eirin ffrenig a gellyg a chnau a phob un ffrwyth sydd yn felys ac yn flasus' o gwmpas y castell.[21]

Tyfai Wynniaid Gwydir winwydd yn Nyffryn Conwy a Syr Thomas Hanmer yr un fath yn ddiweddarach yn Sir y Fflint. Gellid disgwyl bod yr un peth yn wir am nifer o lysoedd eraill yn y cyfnod – Cors y Gedol, Nannau, Mostyn, Tretŵr ayyb, a chadarnheir hynny gan y pris a roddid ar groeso'r uchelwyr a oedd yn berchen ar y llysoedd hyn ym marddoniaeth y cyfnod. Erbyn diwedd y bymthegfed ganrif, roedd y llewyrch cyffredinol yn golygu bod 'nifer o ffermwyr yn cynhyrchu digonedd o ffrwyth at eu byrddau eu hunain – afalau, gellyg ac eirin – a gallent werthu'r gweddill yn y marchnadoedd lleol.'[22]

Mae Joan Morgan, un o'r awdurdodau pennaf ar afalau heddiw, yn honni mai i wneud seidr y tyfid y rhan fwyaf o'r afalau yn Ewrop yn ystod yr Oesoedd Canol.

Castell Rhaglan, a oedd wedi'i amgylchynu gan berllannau ffrwythau o bob math

Yr afal a Meddygon Myddfai

Roedd yfed dŵr yn beryglus yn yr Oesoedd Canol, ac felly roedd yn well gan bobl yfed seidr, oherwydd yr alcohol ynddo a laddai facteria. Byddai pobl yn ystyried bod yr afal yn feddyginiaethol hefyd, boed yn amrwd neu wedi'i goginio, ac mae'n debyg fod pobl yn eu defnyddio i'r diben hwnnw ar draws Ewrop.

Yng Nghymru, roedd gan Feddygon Myddfai, a oedd yn weithgar ym mhentref Myddfai, nifer o ffyrdd o ddefnyddio afalau fel moddion. Dyma rai ohonynt:[25]

17 Un arall at gryd y plentyn, neu gryd tridiau

Rhostiwch afalau surion, cymryd rhan o'r mwydion ffrwyth a hanner y maint hynny o fêl a gadewch i hyn fod yn unig gynhaliaeth i'r plentyn am ddiwrnod a noson.

106 At wynt sy'n gwanhau y corff a'r ymennydd

Cymerwch sudd afalau, mafon, eirin a mwyar a'u hidlo. Gosodwch hyn uwchben tân yn mudlosgi, ac ychwanegu llwyaid o fêl ar gyfer pob drachtiad; ei ferwi; yna yfwch ohono am naw niwrnod, a chymerwch fel ymborth fara o fês wedi eu rhostio a dim bwyd arall, ac fe fyddwch yn holliach.

158 At y clefyd melyn

Cymerwch yr afal mwyaf sydd gennych a sbydu ei ganol allan gydag asgwrn neu brennyn; ei lenwi wedyn gyda sudd llygad yr ychen (a elwir gan rai yn lygad y dydd mawr) a saffrwn, yna gosodwch y canol yn ôl yn ei le a phobi'r afal o dan y marwor. Pan fydd wedi pobi, tynnwch oddi tano'r marwor a'i bwlpo'n drylwyr. Boed i'r claf fwyta hyn, ac fe fydd yn sicr o wella.

451. Dŵr llygad iach

Cymerwch afalau pwdr, a'u hidlo gyda dŵr y ffynnon; golchwch eich amrannau gyda hyn, ac fe fydd yn glanhau a goleuo eich llygaid.

Cyngor at fywyd da

Swper o afalau – a brecwast o gnau.

Ceg oer a thraed twym a fydd fyw yn hir.

Mae'n bosib bod y cyfeiriad cynharaf at wneud seidr yng Nghymru mewn dogfen sy'n sôn am deulu De Clare yn Sir Fynwy ar ddiwedd y drydedd ganrif ar ddeg. Serch hynny, y tro cyntaf y defnyddiwyd y gair 'seidr' yn y Gymraeg oedd mewn cerdd o waith Iolo Goch o'r bedwaredd ganrif ar ddeg:

A'r âl ddu, oer eol ddig
A'r gloyw seidr oer gloesiedig.

Erbyn diwedd y bymthegfed ganrif roedd seidr wedi ennill ei blwy: roedd mawl gan Dudur Aled i 'home brewed cider, mead and bragget' Abaty Ystrad Marchell ym 1490.[23] Y tu hwnt i seidr, roedd gan afalau ddefnydd arall fel ffurf amgen o wneud taliadau: fe roddwyd afalau i fynaich Hendy Gwyn gan un stondinwr am yr hawl i gael stondin yn un o'u ffeiriau blynyddol.[24]

Yn y Tai Bonedd

Daeth tro ar fyd yng Nghymru gyda Deddfau Uno Harri Tudur ym 1536, ac arweiniodd chwalu'r hen drefn wleiddyddol at dranc y beirdd proffesiynol hefyd. Yn wir, mae'n ddigon posib mai degawd y 1530au oedd un o'r mwyaf ysgytwol yn hanes Cymru, gyda diddymu'r mynachlogydd yn ail ergyd enfawr i'r drefn sefydlog a oedd wedi bodoli am ganrifoedd. Bu newidiadau economaidd, crefyddol, gwleidyddol a chymdeithasol sylweddol yn ystod y ganrif ddilynol, ac er mwyn olrhain hanes afalau yng Nghymru yn ystod y cyfnod hwn, trown ein sylw at y plastai a'r maenordai mawr a'u cofnodion. Roedd llawer o'r rhain wedi elwa ar gau'r mynachlogydd rhwng 1536 a 1540, ac wedi ehangu eu tiroedd. Roeddent yn ynys o sefydlogrwydd mewn gwlad a oedd yn prysur newid. Daw llawer o'n gwybodaeth am dyfu ffrwythau yn ystod y cyfnod hwn o gofnodion a chynlluniau tiroedd a gadwodd y stadau hyn.

Arweiniodd cyfoeth a llewyrch economaidd y teuluoedd mawrion a oedd wedi elwa o newidiadau'r ganrif flaenorol at ddyfeisgarwch a mentergarwch newydd yng ngerddi'r ail ganrif ar bymtheg hefyd. Arweiniodd hyn yn ei dro at dyfu amrediad ehangach o ffrwythau yn y gerddi. Ymddengys bod hyn yn wir ar draws Cymru: mae cofnodion o 1618 yn bodoli sy'n awgrymu plannu orenau, lemwnau, ffigys a *nectarines* yn Nhŷ Gwydir yn nyffryn Conwy.[26] Ym mhen arall y wlad, gwyddom y tyfid bricyll yn Nhŷ Troy yn Sir Fynwy ar ganol yr ail ganrif ar bymtheg, am fod un wedi ei rhoi yn anrheg i'r Brenin Siarl y Cyntaf.[27] Nododd arolwg o diroedd castell Caeriw yn Sir Benfro ym 1592 fod yno berllan.[28] Tyfid mefus, eirin Mair a chwins yn Nhŷ'r Waun, Sir y Fflint, ym 1613; erbyn y 1650au, roedd hefyd blanhigion licrish, gwinwydd, damswn, cwrens cochion, gellyg, ffigys, orenau, lemwnau ac afalau yn tyfu yno. Ond yn ne-ddwyrain y wlad yr oedd y stadau a'r gerddi mwyaf o hyd. Mae llun o dŷ Llannerch ym 1662 yn dangos cymaint o berllannau oedd gan dŷ o'r fath statws yn yr ail ganrif ar bymtheg. Mae cynlluniau tiroedd Tŷ Llanelen yn y ddeunawfed ganrif yn dangos pum perllan, a chynlluniau Tŷ Tredegar o'r un cyfnod yn dangos tair perllan a 550 o goed afalau ynddynt. Nododd y pensaer William Winde, a fu'n weithgar yng nghastell Rhiw'rperrai (*Ruperra*) ger Caerdydd, iddo symud coed yn y berllan yno ym 1699.

Ac ni pheidiodd yr arfer o blannu perllannau hyd yn oed mewn gerddi a blannwyd yn y ganrif ddilynol. Mae cofnodion 1718 o blannu gerddi newydd Plas Erddig yn cynnwys sôn am '*kanatian peach*', '*blew peralrigou plumb*', '*scarlett Newington nectorn*', '*gross blanquett pare*', ac '*orange apricock*' – hwyrach bod gormod o fathau o afal i sôn amdanynt oll![29] Yn wir, erbyn 1727 roedd yna berllan o goed sitrws ym Margam – tros 50 ohonynt, a rhai yn cyrraedd 6m o uchder![30]

Ond yn fwy arwyddocaol na hyn, dyma'r adeg y daeth tyfu ffrwythau yn gyffredin ymhlith haenau is cymdeithas. Mae mapiau 1610 John Speed o drefi Cymru yn dangos codi ffrwythau mewn gerddi yn holl drefi mawr Cymru. Mae'n debygol bod cydberthynas rhwng menter y tai mawrion yn tyfu orenau, lemwnau ayyb a'r datblygiad hwn – wrth i afalau ddod yn ddigon cyffredin i'r bobl gyffredin eu tyfu, dyma'r uchelwyr yn troi at ffrwythau mwy egsotig a heriol i'w tyfu. Y mae un map o 1600 o dref Conwy yn dangos yn glir fel y llenwid y rhan

1. *Castell Caeriw; 2. Gwydir; 3. Cyfarthfa*

fwyaf o'r tir rhwng tai'r dref a'r muriau gyda pherllannau, a gwelir rhywbeth tebyg iawn ar gynlluniau Speed o drefi Caerfyrddin, Aberhonddu a Chaerdydd. Yr oedd afalau o fewn cyrraedd y werin hefyd – yn llythrennol felly weithiau! Ceir cofnod o Sir Gaernarfon ym 1658 o gyhuddiad yn erbyn Alis ferch Rhisiart; mae'n debyg iddi gludo basgedaid o afalau a chnau ar y Sul![31] A gwyddom eu bod yn parhau yn ddigon cyffredin yn y Sir fel bod cofnod o'u gwerthu ym

Mae darlun John Speed o Drefynwy – fel nifer o drefi eraill Cymru – yn dangos y perllannau a arferai ei llenwi yn glir

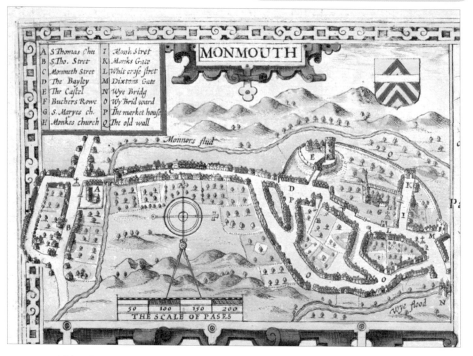

marchnad y dre tua 1800 – cyn dyfodiad y rheilffyrdd a chludiant diwydiannol. Awgryma hyn fod ffrwythau yn cael eu tyfu yn y cylch, a gall fod hynny'n wir mewn canrifoedd blaenorol hefyd.

Daeth hanner cyntaf y ddeunawfed ganrif â newidiadau newydd i erddi tai mawrion Cymru, wrth i'r mudiad rhamantaidd ennill ei blwy a'r ffasiwn mewn gerddi droi tuag at gynlluniau mwy 'naturiol'.[32] Gwthiwyd y gerddi cynhyrchiol i ardd gegin bwrpasol, a chliriwyd aceri o berllannau i wneud lle ar gyfer parcdiroedd. Sgileffaith hyn oedd lleihad yn niddordeb meistri'r tai yn y ffrwythau a dyfent. Daeth sylw yn ôl at

Digwyddai llawer o'r camau ymlaen ym maes garddwriaeth yng ngerddi'r ystadau mawrion fel Hafodunos (Llyfrgell Genedlaethol Cymru, darlun parth cyhoeddus)

dyfu ffrwythau yn ystod y ddeunawfed ganrif, yn arbennig yn sgil datblygiad systemau cynhesu dŵr, a chyda hynny dai gwydr mwy effeithiol a allai gynhyrchu ffrwythau am fwy o fisoedd y flwyddyn. Yr her i'r garddwr yn rhai o'r tai mawrion oedd ceisio cynhyrchu pinafal – gwyddom y tyfid llawer yn Stagbwll, Castell y Penrhyn, Castell Cyfarthfa ac Abaty Singleton.[33]

Wrth i'r ddeunawfed ganrif dynnu at ei therfyn, roedd cyfnod newydd yn hanes yr afal ar fin dechrau; roedd y ddiod feddwol a gynhyrchid ohono yn prysur sefydlu ei thiriogaeth ar draws de-ddwyrain y wlad, ac roedd y nifer o amrywiaethau, llawer ohonynt wedi dod ar draws Clawdd Offa, yn cynyddu'n gyflym. Roedd naturiaethwyr yn dechrau ymddiddori yn y pwnc, a dyfodiad y Chwyldro Diwydiannol ar fin newid cymdeithas a thirwedd Cymru am byth.

Cadwodd tai bonedd megis Llancaiach Fawr eu pwysigrwydd er gwaetha'r holl newidiadau o'u cwmpas yn ystod y 1500au

Pennod 2 – Y Cyfnod Modern

Astudio'r afal yn wyddonol

Y cyntaf o'r naturiaethwyr mawr Cymreig oedd Edward Llwyd (1660–1709), a gyhoeddodd gyfrol ar blanhigion gwyllt Eryri ac a fu'n gyfrifol am ddarganfod Lili'r Wyddfa. Wyth mlynedd ar hugain wedi ei farwolaeth ganed 'Iolo Morganwg' neu Edward Williams (1747–1826), sefydlydd Gorsedd y Beirdd a hynafiaethydd dyfeisgar. Fel yr awgryma ei enw barddol, ymddiddorai ym mhob peth a berthynai i'w fro, gan gynnwys ei phensaernïaeth, ei chrefydd, ei thraddodiad gwyngalchu, ymosodiadau Glyndŵr arni, a thyfu afalau yn ogystal.[34] Yn wir, fe luniodd restr syfrdanol o 147 math o afal a dyfid ar y pryd ym Morgannwg a Gwent.[35] Dyma'r rhestr gyntaf o afalau cynhenid Gymreig, ac yn wir o enwau Cymraeg, ar wahanol afalau y gwyddom amdani.

Roedd sawl ymgais arall i gofnodi enwau gwahanol amrywiaethau o afalau cyn hynny, a'r cyntaf ohonynt oedd rhestr Jean Bauhin o'r Swistir ym 1598, ond ni ddaeth yr ymgais gwyddonol cyntaf yn ynysoedd Prydain tan gyhoeddiad y *Pomona Britannica* ym 1812 gan yr Horticultural Society.[36] Nid gwaith manwl gwyddonol oedd gan Iolo Morganwg, yn anffodus. Mae Donovan yn awgrymu bod cyfran o'r enwau yn deillio o waith ymchwil llafar Iolo ymysg trigolion y siroedd, ond bod cyfran arall yn fwy tebygol o ddeillio o'i ddychymyg byw. Rhaid cymryd gofal rhag cymryd y toreth o enwau yn ei restr yn dystiolaeth bod 147 o amrywiaethau cynhenid gwahanol yn bodoli yn ne-ddwyrain Cymru yn y cyfnod hwn oherwydd dyfeisgarwch enwog Iolo mewn meysydd eraill. Serch hynny, mae rhai o'r enwau ar y rhestr yn cyfateb i amrywiaethau sy'n dal i fod mewn bodolaeth heddiw, gan estyn peth hygrededd i'r rhestr. Mae disgrifiad byr o rai ohonynt yng nghefn y llyfr hwn.

Darlun cynnar o'r cyfandir o wahanol fathau o afal

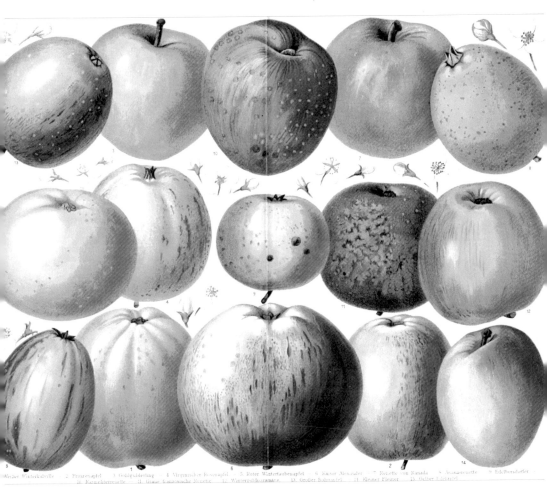

1. Weißer Winterkalville — 2. Prinzenapfel — 3. Goldgulderling — 4. Virginischer Rosenapfel — 5. Roter Wintertaubenapfel — 6. Kaiser Alexander — 7. Reinette von Kanada — 8. Ananasreinette — 9. Edelborsdorfer
10. Karmeliterreinette — 11. Graue französische Reinette — 12. Wintergoldparmäne — 13. Großer Bohnapfel — 14. Kleiner Fleiner — 15. Gelber Edelapfel

Rhestr Iolo Morganwg

Mae enwau Iolo ar afalau, a'i sylwadau arnynt, fel petaent yn farddoniaeth ynddyn nhw eu hunain! Cynigia enw Saesneg i lawer ohonynt – un ai'n enw lleol a arferid yn Saesneg ar yr afal, neu yr enw gwreiddiol Saesneg os mai afal o Loegr sydd dan sylw. Dyma ddetholiad o rai o'r enwau mwy dyfeisgar o ddiddorol, ynghyd â sylwadau Iolo:

Afal Twm ap Hywel – *'Summer Pomeroy'*

Cyfaill Gorau – *'Cat's brains'*, afal ardderchog, arbennig i Forgannwg!

Cawr y Berllan – *'Glory of the West'*

Llwyd Newydd – *'Famagust'*

Melus y Gwiail – afal melys arbennig i Forgannwg. Mae'r coed sy'n dwyn yr afalau hyn yn tyfu mewn sbrigynnau. Ffrwyth da, ond heb fod yn cynhyrchu'n hael.

Twyll Efa – *Transparent apple*

Afal y llaeth – *codling*, i'w ddefnyddio gyda llaeth

Calon garreg – *'stone pippin'*, da i ddim nes ei fod o leia flwydd oed!

Iolo Morganwg – hynafiaethwr, eisteddfotwr a rhestrydd afalau ei fro (Llyfrgell Genedlaethol Cymru, darlun parth cyhoeddus)

Yr ardd werinol

Mae bodolaeth rhestr mor sylweddol yn awgrymu'n gryf fod tyfu afalau wedi dod yn gyffredin ymhlith cyfran o'r werin bobl yng Ngwent a Morgannwg erbyn diwedd y ddeunawfed ganrif o leiaf – oni bai fod sail i'r wybodaeth hon, byddai Iolo wedi derbyn beirniadaeth hallt am ei gyhoeddiad. Roedd coed afalau mewn gerddi yn rhan anhepgor o'r darlun dychmygol, delfrydol o fythynnod gwerin Cymru cyn dyfodiad diwydiant trwm y bedwaredd ganrif ar bymtheg, ac mae'n ymddangos bod seiliau i'r darlun hwn mewn gwirionedd. Cymerwn, er enghraifft, ysgrif yn *Y Traethodydd* ym 1948 sy'n gresynu am ddiflaniad yr hen ffordd o fyw, ac yn sôn am y bythynnod 'gwyngalchog, a'r hen flodau cartrefol, a'r hen goed afalau a ffrwythau'r ardd yn ddengar' a oedd yn arfer bod mor gyffredin ym Morgannwg adeg plentyndod yr awdur.[37] Tystiolaeth yw hyn bod coed afalau yn rhan o'r dirwedd ddychmygol hanesyddol yn y rhan honno o'r wlad, ac felly bod lle iddynt hefyd yn y dirwedd go iawn.

Roedd afalau yn rhan o ddeiet pobl yn nyffrynnoedd Sir Gaerfyrddin hefyd, fel mae atgofion Margaret Evans o deulu Davies, Heol-ddu ger yr Ardd Fotaneg Genedlaethol, yn tystio:

Yr ardd oedd y 'cemist cefn gwlad' yn y dyddiau hynny. Roedd mur uchel o gwmpas yr ardd yn Heol-ddu, a thyfid amrywiaeth o lysiau, gwyrddion a ffrwyth er mwyn cadw'r teulu'n iach. Roedd peth wmbredd o gennin, persli, bresych, maip, moron, pannas, tato a chnau yn para'r gaeaf. Roedd stoc o wahanol fathau o afalau lawn bwysiced â'r llysiau a ffrwyth y llwyni. Byddai David Davies ei hun yn storio'r afalau ar silffoedd y tŷ afalau, a chadwai'r drws ynghlo. Y pennaf o blith yr afalau oedd Morgan Nicholas; byddai'r ffrwyth yn cadw'n dda tan fis Mai, pan fyddai cnwd yr eirin Mair yn barod i wneud pei. Byddai'r goeden hon, â'i brigau talsyth, yn tyfu'n gryf yng nghysgod y stablau. Gwelid coeden Morgan Nicholas yn tyfu yn yr un man ym 1947. 'Na,' meddai perchennog Heol-ddu, 'nid coeden y Daviesiaid mohoni, ond plannwyd brigyn o'r hen goeden i dyfu ar ei gwreiddiau ei hun'. Er na fydd coeden afalau a dyfir ar ei gwreiddiau ei hun yn blodeuo am ddeuddeng mlynedd, mae ei hirhoedledd yn ddihareb. Dyma enghraifft o ddau oes o Morgan Nicholas yn estyn ymhell dros ganrif. Tyfid hefyd y mathau Jac Gruffydd, Twm-y-crydd (dau afal cynnar),

Coch-bach, Marigold a Leathercoats (russet) hefyd.[38]

Mae tyfu afalau hefyd yn ffurfio rhan o atgofion plentyndod D. J. Williams yn ei hunanfywgraffiad *Hen Dŷ Ffarm*, lle sonia am yr afalau roedd ei dad-cu wedi

Bwthyn gwyngalchog yr hen werin Gymreig. Oes afallen yn cwato yn rhywle ger y tŷ? (Llyfrgell Genedlaethol Cymru, darlun parth cyhoeddus)

plannu, yn dwyn enwau fel 'Pren Bwen Bach' a 'Pren Niclas'.[39] Mae hyn yn rhoi golwg i ni ar agwedd pobl cefn gwlad Cymru tuag at ffrwythau – rhennid hadau a sgiliau rhwng cymdogion, ac ychydig o sylw a roddid i darddiad math penodol o afal pan oedd materion pwysicach, megis maint y cnwd, yn y fantol. Yn fwy annisgwyl, mae tystiolaeth o Sir Fôn – ardal nas cysylltir â thyfu ffrwythau – yn awgrymu mai tebyg oedd y sefyllfa yno. Mewn ysgrif eithriadol o ddiddorol a gyhoeddwyd yn *Trafodion Cymdeithas Hanes Môn* ym 1932, cawn gofnod gan 'Gwilym Ddu o Arfon' (William Williams, 1738–1817) o fywyd ei ewythr Huw a'i fodryb Marsli, tyddynwyr tlawd o ardal Llangristiolus ym Môn, a fu farw yn ystod chwedegau'r ddeunawfed ganrif.[40] Ceir disgrifiad gweddol fanwl o fwthyn y ddau, a'u gardd 'o gylch hanner erw neu ychwaneg; yn hwn yr hauai yr hen ŵr; Gywarch (*hemp*), Pytatws, Ffa, Pys, Moron cochion a gwynion, Winwyn, Rhosai cochion a gwynion, Gold Mair, Tyme, Lafant, ac amrywiol eraill o flodau a llysiau physygwriaethol; a phump neu chwech o goed afalau...' Y mae'r golwg

prin hwn ar ardd tyddynwyr cyffredin ym Môn, ganrif gyfan cyn dyfodiad y rheilffyrdd, yn dangos amrywiaeth y planhigion defnyddiol a dyfid mewn gerddi o'r fath yn glir, ac yn profi fod crefft garddwriaeth yn y Gymru wledig yn fyw ac yn iach ar y pryd. Yn fwy annisgwyl fyth, o ystyried hinsawdd gwyntog yr ynys, ac mor anghysbell oedd Môn ar y pryd, mae'n profi yr arferwyd crefft tyfu afalau yn ddigon cyffredinol i alluogi Huw Rolant i dyfu pump neu chwe choeden, a nodir y cwbl heb deimlo'r angen am nodyn esboniadol.

O Forgannwg i Fôn ac yna i Eryri: mae ysgrif arall, a gyhoeddwyd ym 1912 ond sy'n sôn am gyfnod drigain mlynedd ynghynt, yn crybwyll 'perllan ffrwythlawn' yn fferm Dôl–fach, Llanelltud ger Dolgellau.[41] Mae'r ysgrif hon yn sôn am y pregethwr mawr Cadwaladr Jones (1783–1867), ac mae'n werth ailadrodd y stori:

> Un nos Saboth hyfryd ym mis Awst, pan bregethai [Cadwaladr Jones] yn Llanelltyd, eisteddai ar astell ffenestr agored yn yr oriel ddau fachgen bywiog a chwareus, o ddeutu'r un oed,

o'r enw Jonathan a Dafydd, y rhai oeddynt gyfeillion mynwesol. Ymddengys mai pwnc y bregeth oedd Cyfeillgarwch Crist, ond nid yw'n hysbys beth oedd y testun. Wrth ochr y ffordd gyferbyn â'r capel y mae perllan ffrwythlawn Dôl-fach, yr hon yn naturiol a dynnodd sylw y ddau fachgen. Dyfrhâi eu geneuau gan fel y blysient yr afalau pêr bwysent i lawr ganghennau y coed. Felly tra yr oeddynt o ran corff yn y capel yr oeddynt o ran meddwl yn y berllan yn chwareu drachefn stori Gardd Eden.

Llinell o goed afalau o flaen Bucknell House ym Maesyfed (Llyfrgell Genedlaethol Cymru, darlun parth cyhoeddus)

Felly hefyd yng Ngheredigion yn y 1880au. Yn ei hunangofiant, mae Hettie Glyn Davies yn hel atgofion am ei phlentyndod ym mhentref Llanon, ac yn cofio 'blodau falau yn agor yn rhy gynnar ar y goeden' ac yn sôn am chwilio am afalau yn yr ardd ym mwthyn y weddw Madlen Dafi Richards – 'murddun to gwellt'.[42] Y darlun a gawn yw bod perllannau bychain, yn groes i'r disgwyl, yn gyffredin ar ffermydd tir isel ym mhob cwr o Gymru yn y blynyddoedd cyn dyfodiad y rheilffyrdd (er bod hunangofiant Hettie Glyn Davies yn sôn am gyfnod ar ôl dyfodiad y rheilffyrdd, roedd Llanon yn ddigon pell oddi wrthynt, a'r coed dan sylw yn debyg o fod yn ddigon hen fel bod yr enghraifft yn dal). Mae hyn oll yn awgrymu y tyfid afalau yn gyffredin gan werin Cymru gydol y cyfnod rhwng 1750 a 1900, ac nid yn unig gan y tai mawrion.

Yr afal ar ffermydd Oes Fictoria

Roedd diwedd yr ail ganrif ar bymtheg yn gyfnod ffyniannus i'r diwydiant afalau ym Mhrydain, a gwelwyd sefydlu seiliau'r diwydiant seidr modern.[43] Daeth dirwasgiadau amaethyddol dechrau'r ganrif ddilynol â mwy o reswm i ffermwyr fuddsoddi mewn perllannau. Mae'n ddigon posib mai'r cyfnod hwn a welodd blannu nifer o'r perllannau hynny ar ffermydd gryn bellter o siroedd traddodiadol afalau ar y ffin â Lloegr. Erbyn 1815, er enghraifft, gallai Walter Davies, 'Gwallter Mechain' (1761–1849), nodi bod perllannau yn gyffredin ym mro Gŵyr, ardal sydd yn anffafriol i dyfu ffrwythau oherwydd gwynt y môr a'r heli.[44] Gyda llewyrch yn dychwelyd i'r marchnadoedd yn y 1760au, fe gefnwyd ar lawer o berllannau yn Lloegr wrth iddynt ddod yn llai gwerthfawr i'r ffermwyr.[45] Gyda diwedd y rhyfeloedd Napoleonig, a phresenoldeb cystadleuaeth o du afalau Ffrainc, roedd hi'n ddu ar y diwydiant afalau masnachol ym Mhrydain erbyn y 1840au.[46] Mae'n debyg y cafodd hyn oll lai a llai o effaith ar berllannau i'r gorllewin o Glawdd Offa, yn rhannol oherwydd natur mwy caeedig a hunangynhaliol economi wledig Cymru, ac yn rhannol oherwydd graddfa fechan tyfu afalau yng Nghymru. Nid oeddent yn gnwd masnachol i braidd neb ond nifer bach o ffermwyr yn Sir Fynwy a'r cyffiniau.

Daeth gwaredigaeth o fath gyda dirwasgiad amaethyddol y 1870au, ac anogodd Gladstone ffermwyr Prydain i blannu perllannau i gydbwyso'r mewnforion gwerth pum miliwn o bunnau yn llysiau a ffrwythau a ddaethai i Brydain ym 1879 yn unig.[47] Rhaid oedd cystadlu gyda'r mewnforion afalau nid yn unig o'r Amerig, ond hefyd o hemisffer y de. Fe weithiodd y cynllun, ac yn ystod y 1880au a'r 1890au fe gynyddodd maint y tir o dan berllannau gan 3,000 acer yn flynyddol ar draws ynysoedd Prydain.[48] Gwelir effeithiau hyn yng Nghymru trwy gymharu dau arolwg defnydd tir, y cyntaf o 1878 a'r ail o 1899. Dangosodd arolwg

Mae pren yr afal yn ei flagur yn glir o amgylch y bwthyn hwn ym Maesyfed (Llyfrgell Genedlaethol Cymru, darlun parth cyhoeddus)

defnydd tir y *Journal of the Royal Agricultural Society of England* ym 1878 bod 859 erw o berllannau yn Sir Frycheiniog, 499 yn Sir Faesyfed, 377 yn Sir Drefaldwyn, 258 yn Sir Forgannwg a 3,954 yn Sir Fynwy. Gwasgaredig a llai o ran maint oedd perllannau rhannau eraill o Gymru. Nid yw'r cyfanswm o bron 6,000 erw i'w weld yn sylweddol iawn, o'i gymharu â 25,000 erw Swydd Henffordd ar y pryd, ond roedd, serch hynny, yn gangen bwysig o amaethyddiaeth y wlad.[49] Erbyn 1899 roedd y nifer wedi cynyddu i 6,515 (Mynwy – 4,035, Brycheiniog – 1,191, Maesyfed – 689, Morgannwg – 321, Caerfyrddin – 158, Penfro – 78, Aberteifi – 43) – twf bychan, sy'n awgrymu mai perllannau tyddynwyr oedd y rhain ar y cyfan, ac nid rhai mwy, masnachol.[50]

Ond roedd sawl un yn gweld y potensial i'r gangen hon ehangu. Mewn erthygl yn y *Journal of Horticulture and Cottage Gardener* ym mis Awst 1891, fe ysgrifennodd Andrew Pettigrew, Prif Arddwr Castell Caerdydd, fod i ardal Caerdydd a Morgannwg yr holl fanteision naturiol sydd eu hangen i dyfu afalau a gellyg da. Gresyna fod y mwyafrif o berllannau a welsai wedi eu hesgeuluso, heb eu tocio a heb eu gwrteithio. Yn ddiddorol, noda hefyd fod ffermwr lleol wedi esbonio wrtho mai afalau wedi eu himpio ar wreiddgyff yr helygen lwyd (*salix caprea*) oedd yn gwneud orau ar bridd trwm ei fferm; arfer unigryw i dde Cymru, os felly.

Noda'r garddwr John Basham fod un o'r casgliadau gorau o ffrwyth a ddanfonwyd erioed i sioe RHS wedi'i ddanfon o ardd Major Bythway o Lanelli.[51] Â yn ei flaen i ddisgrifio stad tyfu ffrwyth yn ne Cymru ar y pryd, gan nodi bod y mwyafrif helaeth o'r perllannau yno yn 'berllannau pori'. O ymddangosiad llawer o'r perllannau, tybiai eu bod dros gan mlwydd oed, ac mewn rhai achosion dros ddau gan mlwydd oed, a olygai iddynt gael eu plannu tua diwedd yr ail ganrif ar bymtheg. Disgrifia'r arfer lleol o blannu afalau ar gefnennau o bridd er mwyn cadw eu gwreiddiau rhag sefyll mewn dŵr, ac er gwaetha'r amodau, roedd y cnwd yn aml yn drwm.

Arferion gwerin

Roedd yr afal yn ddigon cyfarwydd fel bod gan y werin arferion a thraddodiadau a oedd yn gysylltiedig â'r ffrwyth, ac sy'n rhoi iddo le pendant yn nhreftadaeth y Cymry.

Un o draddodiadau gwerin mwyaf unigryw y Cymry oedd y traddodiad o greu llwyau caru – y mae'r llwy hynaf yng nghasgliad Amgueddfa Werin Cymru, Sain Ffagan, yn dyddio o 1667. Mae casgliad o lwyau caru yn Amgueddfa Brycheiniog sydd wedi eu gwneud o bren yr afallen – defnydd amgen ac unigryw ohono yn niwylliant gwerin Cymru!

Cân werin a ddaeth yn adnabyddus iawn yn ystod ail hanner yr ugeinfed ganrif yw 'Dacw 'nghariad i lawr yn y berllan', a gasglwyd yn yr Eglwys Newydd, Caerdydd o ganu Mrs Mary Davies ym 1908. Mae'r gân yn creu darlun gogleisiol ac awgrymog o gariadon ifanc chwareus mewn perllan yn ne-ddwyrain Cymru:

> Dacw 'nghariad i lawr yn y berllan,
> Tw rym di ro rym di radl didl dal
> O na bawn i yno fy hunan,
> Tw rym di ro rym di radl didl dal
> Dacw'r tŷ, a dacw'r 'sgubor;
> Dacw ddrws y beudy'n agor.

Yr Afal yn y Geiriadur

Mae'r lliaws o enwau sy'n deillio o'r afal yn tystio i le'r ffrwyth mewn diwylliant gwerin.

Yr enw Cymraeg ar *bullfinch* yw 'coch y berllan', aderyn sy'n gyffredin ar draws iseldir Cymru ac sy'n ffafrio coetiroedd a pherllannau. Mae'r cofnod cyntaf o'r enw yn deillio o 1771 – rhaid felly bod perllannau yn ddigon cyffredin ar y pryd i gael eu cysylltu â'r aderyn fel ei brif gynefin.

'Afal Adda' neu 'afal breuant', yw'r enw ar y lwmp yn y gwddwg, yn Gymraeg fel yn Saesneg. 'Afalau'r bwci' yw un o'r enwau Cymraeg, o'r de-ddwyrain, ar yr egroes, neu *rosehip*. Ac yn yr enw 'afal tinagored' mae gennym enw disgrifiadol dros ben ar y feryswydden, neu *medlar*.'

Llwy garu wedi ei gwneud o bren yr afallen
(© Amgueddfa ac Oriel Brycheiniog)

Ffaldi radl didl dal, ffaldi radl didl dal
Tw rym di ro rym di radl didl dal.

Dacw'r dderwen wych ganghennog,
Tw rym di ro rym di radl didl dal
Golwg arni sydd dra serchog.
Tw rym di ro rym di radl didl dal
Mi arhosaf yn ei chysgod
Nes daw 'nghariad i 'nghyfarfod.
Ffaldi radl didl dal, ffaldi radl didl dal,
Tw rym di ro rym di radl didl dal

Dacw'r delyn, dacw'r tannau;
Tw rym di ro rym di radl didl dal
Beth wyf gwell, heb neb i'w chwarae?
Tw rym di ro rym di radl didl dal
Dacw'r feinwen hoenus fanwl;
Beth wyf well heb gael ei meddwl?
Ffaldi radl didl dal, ffaldi radl didl dal,
Tw rym di ro rym di radl didl dal

Yr oedd arferion gwerin eraill a oedd yn gysylltiedig â'r afal hefyd, megis yr arfer o 'godi afalau dŵr' Nos Galan. Mae cofnod o hyn o sawl ardal ar draws Cymru, gan gynnwys Meirionnydd, Sir

Gaerfyrddin a Sir Drefaldwyn.[52] Cawn ddisgrifiad neilltuol ohono'n digwydd yn Nyffryn Ceiriog mewn ysgrif sy'n dyddio o 1925: llenwid 'padell â dŵr. Gosod afalau ynddi, ac wedi rhwymo'r dwylo ar y cefn, ceisiai pob un yn ei dro afael yn un o'r afalau nofiadwy hyn a'i ddant'.[53] Mae'r awdur yn nodi na welodd yr arfer hwn yn unman arall, ond dyma arfer – a elwir bellach yn *apple dunking* – sydd wedi dychwelyd i genedlaethau iau Cymru o'r Unol Daleithiau yn sgil *Halloween*.

Roedd nifer o draddodiadau eraill yn gysylltiedig â'r afal ar nos Galan, gan gynnwys hongian afal ar ddarn o raff o'r nenfwd a cheisio ei ddal yn y geg. Neu fe ellid hongian afal oddi ar un pen i ddarn o bren oedd yn hongian, a chlymu cannwyll wedi'i chynnau i'r pen arall. Byddai'r sawl oedd yn cymryd rhan yn aml yn dal yr afal a'r gannwyll yn eu cegau wrth i'r ffon droelli o gwmpas!

Yn ogystal â hyn roedd nifer o ofergoelion yn gysylltiedig â'r afal yn y bedwaredd ganrif ar bymtheg. Un traddodiad oedd plicio afal yn ofalus heb dorri'r croen, a thaflu'r croen wedyn dros yr ysgwydd. Byddai'r llythyren yr ymdebygai siâp y croen iddo fwyaf yn dangos llythyren gyntaf enw gŵr neu wraig y person hwnnw yn y dyfodol.[54] Arfer arall ar Nos Galan oedd mynd o gwmpas tai'r gymdogaeth, y dynion weithiau mewn dillad menyw, a chanu cân i hawlio rhodd o afalau neu gnau:[55]

Apples or pears, a plum or a cherry
Any good thing to make us merry
One for Peter, two for Paul
And one for Him who made us all
Then up with the kettle, down with the pan,
Give us an apple and then we'll be gone.

Ond yr enwocaf o'r arferion hyn oedd 'gwaseila'. Mae gwreiddiau'r arfer hwn yn gymysg, ac mae'r enw a'r gwahanol draddodiadau ynghlwm ag ef wedi eu drysu llawer ar hyd y canrifoedd. Defod ffrwythlondeb a gynhwysai'r arfer o ganu caneuon ar Nos Galan (a nosweithiau penodol eraill) oedd hi yn y bôn. Yn siroedd seidr de Lloegr, arferid mynd i sefyll ger coed afalau a chanu (neu yfed) i'w hiechyd a'u ffrwythlondeb yn ystod y flwyddyn ddilynol. Ceir cofnod o'r seremoni wasail yng Nghymru ar ddechrau'r bedwaredd ganrif ar bymtheg fel digwyddiad cymdeithasol: [56]

Hen arfer ymhlith y Cymry ar nos ystwyll oedd gwneud y wasail, sef, cacennau ac afalau wedi'u pobi a'u gosod mewn rhesi ar ben ei gilydd, gyda siwgr rhyngddynt, mewn math o bowlen brydferth wedi'i chreu at y pwrpas gyda deuddeg dolen. Yna rhoddid cwrw poeth, gyda sbeisiau cynnes o'r India, yn y wasail, a byddai'r cyfeillion yn eistedd mewn cylch ger y tân a phasio diod y wasail o law i law, a phob un yn yfed ohoni yn ei dro. Yn olaf byddai'r wasail, (sef y cacennau a'r afalau ar ôl i'r cwrw oedd trostynt gael ei yfed) yn cael ei rannu ymhlith y cwmni.

Yng Nghymru roedd y Fari Lwyd o gwmpas y Nadolig yn un wedd ar y cymysgedd o draddodiadau hyn, ond gwedd arall, un a oedd yn gysylltiedig â'r afal, oedd yr arfer o Hela'r Dryw, a oedd yn gyffredin ar draws de Cymru. Edward Llwyd sy'n rhoi un o'r disgrifiadau cynharaf o'r arferiad i ni: 'Arferent yn Swydd Benfro ayb ddwyn driw mewn elor ar Nos Ystwyll; oddi wrth gŵr ifanc at ei gariad, sef dau neu dri ai dygant mewn elor gyda rhubanau; ag a ganant garolion. Ânt hefyd i dai eraill lle ni bo cariadon a bydd cwrw ayb'. Nos Ystwyll oedd Ionawr y pumed, ac mae cofnodion yn cyfeirio at Hela'r Dryw yn ystod yr holl gyfnod o amgylch y Flwyddyn Newydd. Enw'r bwrdd a ddefnyddid at y ddefod oedd 'berllan', a'r disgrifiad cynharaf ohono yn dod o 1823:

'Mae genym elor hynod, a drywod dan y llen, / A *pherllan* wych o afalau yn gyplau uwch ei phen; / A nutmeg beth, a spices beth, ac ambell eneth wen.'

Hynny yw, bwrdd sgwâr wedi ei farcio yn y canol a llinell o bren yn rhedeg o'r canol i bob un o'r corneli. Ym mhob cornel fe osodid afal, a'r tu fewn i'r cylch goeden ag aderyn bach arni – y dryw. Dyma felly gynrychioliad symbolaidd o berllan – pedwar afal ar fwrdd pren.

Cadarnheir hyn gan hen gân a genid yng Nghydweli sy'n cychwyn:

Gyda ni mae perllan
A dryw bach ynddi'n hedfan

Mae'n debyg bod cyfeiriad at waseila yn y gân hefyd, a diddorol nodi bod traddodiad y Fari Lwyd yn fwyaf cyffredin ym Morgannwg a Mynwy – dwy sir a gysylltid yn gryf gyda seidr yn ystod y cyfnod.[57]

Colli'r traddodiad: 1900–70

Wrth ddod felly at droad yr ugeinfed ganrif a marwolaeth araf llawer o'r hen draddodiadau a'r hen ffyrdd o fyw, beth oedd sefyllfa'r afal yng Nghymru? Roedd yr afal yn ffrwyth gyfarwydd, a dyfid ar draws Cymru o Fôn i Fynwy, ac o Landyfái i Lanelwy.

Roedd perllannau o dri phrif fath ar gael yn y wlad: yn gyntaf perllannau bychain, yn cynnwys weithiau dim ond coeden neu ddwy yn unig, yng ngerddi tyddynwyr neu ffermwyr bychain. Byddai'r grefft o impio, tocio a thendio'r coed yn y perllannau hyn yn cael ei throsglwyddo o genhedlaeth i genhedlaeth a rhwng cymdogion a'i gilydd. Roedd tyfu ffrwyth yn yr ardd yn beth cyffredin ymhlith y tlawd a'r cyfoethog fel ei gilydd, yng nghefn gwlad o leiaf, fel y mae erthygl ar fwyd ac iechyd o 1944 yn ei awgrymu wrth sôn am y

'Dinca fala' – hen rysait oedd yn perthyn i bice ar y maen, ond yn defnyddio afalau i godi'r blas (© Carwyn Graves)

newidiadau mawr oedd ar droed yn arferion bwyta'r Cymry.[58] Yng ngerddi'r tyddynwyr a'r ffermwyr y tyfid yr amrywiaethau cynhenid sy'n derbyn sylw yn y llyfr hwn: 'Tin-yr-ŵydd', 'Marged Niclas', 'Croen Mochyn', 'Gwell na mil', a.y.b. Ond byddai rhai o'r ffermwyr bychain hyn hyd yn oed yn gwerthu eu cynnyrch ambell waith i'r lorïau a fyddai wedyn yn eu gwerthu ar y farchnad.[59]

Yn ail, ceid perllannau mwy â nifer

Yr afal ac enwau lleoedd

Mae afalau a pherllannau wedi gadael eu marc ar dirwedd Cymru, ac mae lluosogrwydd yr enwau lleoedd sy'n gysylltiedig â'r afal yn brawf digamsyniol o ddau beth. Y cyntaf yw bod tyfu afalau yn arfer sy'n perthyn i bob rhan o'r wlad. Yr ail yw bod tyfu afalau yn arfer cyffredin yng Nghymru – araf iawn yw newid mewn enwau lleoedd, a go brin y byddai gwerinwr ym 1850 wedi enwi ei gartref yn 'Ty'n y Berllan' pe bai dim perllan yno!

Mae'r mwyafrif o'r enwau hyn yn cynnwys yr elfen 'perllan' neu 'orchard', ac ambell un yn cynnwys 'afallen' neu ffurf debyg.

Heol y Berllan, Caerfyrddin, mewn rhan o'r dre y mae hen fapiau yn dangos oedd yn arfer bod yn berllan (© Carwyn Graves)

Map yn dangos pob un o'r enwau lleoedd yng Nghymru yn cynnwys 'afal', 'afallen', 'perllan', 'orchard' ayyb. Noder eu bod yn bresennol ym mhob rhan o'r wlad. (© Dyfan Graves)

mawr o fathau ynddynt yn perthyn i'r stadau a'r tai mawrion fel Tredegar, Middleton neu Erddig. Mathau o Loegr fyddai cyfran helaeth o'r afalau ar y stadau hyn, wedi eu prynu i mewn o feithrinfeydd ffasiynol y tu hwnt i Glawdd Offa. Cadarnhau hyn mae cofnodion plannu stad Nanhoron ym Mhen Llŷn, ardal mor bellennig a Chymreig â'r un ardal yng Nghymru: yno, plannwyd ym 1777 *Royal Russets*, *Kentish Pippins*, *Winter Pearmain* ond dim un gydag enw Cymraeg iddo. Byddai meistri'r tai mawrion hyn yn ymfalchïo

Rhestr o enwau lle yn cynnwys 'afal', 'perllan' neu'r tebyg yn Gymraeg neu Saesneg:

Berllan-deg, Gwent
Appletree farm, Gwent
Ty Berllan, Gwent
Ty'n y Berllan, Gwent
Orchard Farm, Gwent
Cidermill, Gwent
Berllan-fedw, Gwent
Berllan dowel, Gwent
Fair Orchard, Gwent
Orchard Cottage, Gwent
Orchard Cottage, Gwent
Berllan-helyg, Gwent
Orchard Lodge, Gwent
Berllan-fedw, Gwent
Tyberllan, Gwent
Penllanafal, Mynyddoedd Du
Orchard House, Mynyddoedd Du
Orchard House, Mynyddoedd Du

Berllan-gollen, Caerffili
Perllan yr Afal, Y Fro
Cae Perllan, Y Fro
Y Berllan, Glyn Nedd

Bryn Afel, Gower

Rhyd-Afallen, Gogledd Penfro
Berllan, Gogledd Penfro
Berllandeg, De Sir Benfro
Grey Orchard, De Sir Benfro
Norchard, De Sir Benfro
Norchard, De Sir Benfro
Norchard Farm, De Sir Benfro

Parc y Berllan, Sir Gâr
Berllan, Rhydaman
Tŷ'r Berllan, Rhydaman
Bron y Berllan, Rhydaman
Berllan, Rhydaman
Berllan dywyll, Llandeilo
Blaen Berllan, Llandeilo
Perth y Berllan, Llandeilo
Pont Perth y Berllan, Llandeilo
Bryn y Berllan, Llandeilo
Coed y Berllan, Llandeilo
Cilberllan, Llandeilo
Berllandywyll, Llandeilo
Rhydyfallen isaf, Llandeilo
Llwynfallen, Llandeilo
Banc y Berllan, Llandeilo
Tan y Berllan, Llandeilo

'Bron y Berllan' yn nyffryn Tywi,
Sir Gaerfyrddin

Y ffermdy. Rhiw yn wynebu'r haul yw'r
'fron' dan sylw yma

'Orchard Farm' ger Porthcawl ym Mro
Morgannwg ac ar yr hen ffin ieithyddol

Stryd ar ddatblygiad o dai modern ym
Mhen-y-bont ar Ogwr. Atgof o'r gorffennol
neu camarweiniol yw'r enw?

'Bron y Berllan' – ond adfail yw'r un yma ger Pontrhydfendigaid

'Cae'r Berllan', un o hen dai Eryri yn nyffryn Conwy

'Ty'n y Berllan' – hyd yn oed ar dir gwyntog Eifionydd mae tystiolaeth o dyfu afalau yn y gorffennol

'Parc-y-Berllan', enw ag iddo'r un ystyr â 'Cae'r Berllan'

Berllan-dywyll, Llandeilo
Berllan-dywyll wood, Llandeilo
Bryn y Berllan, Llandeilo
Bron-y-Berllan, Llanymddyfri
Llwyn-y-berllan, Llanymddyfri
Allt Llwynyberllan, Llanymddyfri
Maes-y-berllan, Llanymddyfri
Llwyn-y-berllan, Llanymddyfri
Allt Llwynyberllan, Llanymddyfri

Pantafallen fach, Llambed
Pantfallen, Llambed
Pantafallen, Llambed
Berllan Fach, Llambed
Rhydafallen, Llambed
Blaen-rhiw-afallen, Llambed
Blaen-berllan, Llambed
Plas-y-Berllan, Teifi
Plas-y-berllan isaf, Teifi
Berllan, Teifi
Berllan bêr, Aberystwyth
Ty'n Berllan, Aberystwyth

Berllan Deg, Machynlleth
Cwm Berllan, Machynlleth
Cae Berllan, Drenewydd
Cold Orchard, Drenewydd

Berllan Helyg, Llangollen
Tŷ tan y berllan, Llangollen
Cae Berllan, Llanfyllin
Cider House, Powys

Caeberllan, Gwynedd
Caeberllan, Môn
Ty'n y Berllan, Môn
The Orchard, Beaumaris, Môn
Ty'n Y Berllan, Penrhyndeudraeth, Gwynedd
Ty'n y Berllan, Penmorfa, Gwynedd
Bryn y Berllan, Gwynedd

Bellan, Clwyd
Berllan, Clwyd
Caerfallen, Clwyd
Bron Berllan, Clwyd
Orchard Cottage, Clwyd
Berllan, Clwyd

yng nghrefft eu garddwyr yn tyfu pob math o ffrwythau, a byddent yn mynnu cynnyrch o'r ansawdd uchaf. Mae hanesyn difyr yn *Y Ford Gron* ym Mehefin 1934, sy'n adrodd fel y bu i Lloyd George wrido o falchder pan ganmolwyd afalau yr oedd ef wedi eu tyfu – ac yntau'n 72 mlwydd oed![60]

Yn drydydd ceid perllannau mwy masnachol, yn bennaf yn Sir Fynwy, a dyfai afalau i'w gwerthu yn y trefi neu i gynhyrchu seidr ar raddfa ddigonol i'w werthu. Gwyddom er enghraifft y tyfid 'Cissy' a 'King of the Pippins' (neu 'Shropshire Pippin' yn lleol) yn ardal Pen-hw (Pen-how) ym 1899, ac y gwerthid y ffrwyth i'r farchnad.[61] Wyddon ni ddim yn union pa fathau oedd fwyaf cyffredin ymhlith y rhain, ond gwyddom mai dim ond ychydig bach o amrywiaethau cynhenid Cymreig a werthwyd yn fasnachol erioed, gan gynnwys 'St Cecilia', 'Cissy', 'Landore' a 'Morgan Sweet'.

Roedd i'r afallen hefyd le cadarn yn nychymyg pobl fel coeden ddigon cyffredin, fel mae hanesyn a gyhoeddwyd ym 1952 am ffermwr o ochrau'r Bala yn ei ddangos.[62] 'Ar stondin yn ffair y Bala, fe

David Lloyd George o Lanystumdwy.
Gwleidydd a garddwr.

welodd lyfr, *Plannu Coed* gan Elfed, ac fe'i prynodd â llawenydd mawr. Ond wedi ei agor ar ôl te, y peth cyntaf a welodd oedd testun y bregeth agoriadol: "Ac Abraham a blannodd goed". Meddai yntau'n syn: "Wel, be ar y ddaear wydde'r hen Abram am blannu coed?"' Diddordeb y stori fach hon i ni yw bod coed afalau ar gael i'w prynu yn ffair y Bala – ardal fynyddig,

*Tŷ Newydd – cartref Lloyd George yn
Llanystumdwy*

Gwneuthurwyr seidr teithiol ar fferm yn
Sir Frycheiniog c. 1950

anaddas at dyfu ffrwyth. Os tyfid afalau yno, yna dichon, yn wir, y'u tyfid ar draws Cymru, ac roedd rhywfaint o wybodaeth ynglŷn â'u tyfu a'u cadw ar lawr gwlad ym mhob ardal. Roedd y garddwr enwog John Basham o Fasaleg o'r farn fod llawer o'r perllannau yn Sir Fynwy wedi eu himpio gan weithwyr fferm di-ddysg a oedd wedi cymryd prennau o blith yr amrywiaethau lleol a'u himpio ar wreiddgyff o goed afalau gwyllt o goedlannau.[63]

Ond nid oedd coeden afalau yn bresennol ymhob gardd, ac mae erthygl sy'n annog cadw gwenyn o 1933 yn gresynu at hynny – 'faint o erddi y gwyddom amdanynt sy heb un pren afalau?'.[64] Mae erthygl arall o'r un cylchgrawn poblogaidd a gyhoeddwyd flwyddyn yn ddiweddarach yn nodi mai mewn un sir Gymreig yn unig y tyfid 'swm sylweddol o ffrwythau mân', a bod 278 erw dan fafon yn y sir honno, ac yn annog darllenwyr i dyfu ffrwythau mawr a mân yn eu gerddi, am eu bod yn 'rhan iachus ac anhepgor o'n bwyd'.[65] Noda hefyd fod y nifer o erwau dan ffrwyth yng Nghymru yn lleihau bob blwyddyn, a bod

Tom Mathias gyda choeden afal ger Cilgerran. Dywedir iddo weithio ar wella nifer o fathau cynhenid lleol o afal. (© Adran Gwasanaethau Diwylliannol Dyfed, 1997)

'perygl i lawer o'r hen wyddor coed fynd i ebargofiant trwy'r nychdod hwn'. Mewn llawer ffordd, dyna yn union a ddigwyddodd, yng Nghymru fwy nag yn unman arall ym Mhrydain Fawr, o bosib.

Nychu a diflannu fu hanes perllannau o bob math yng Nghymru wedi'r Ail Ryfel Byd. Aeth y nifer o erwau dan berllan yn Sir Forgannwg o 258 ym 1878 i 169 ym 1943, a chyflymu wnaeth yr edwino dros yr ugain mlynedd ddilynol.[66] Daeth olew rhad ar gyfer car, y fan a'r lori i bob cornel o'r wlad, ac afalau rhad o bob cwr o'r byd i siopau'r wlad i'w gwerthu trwy'r flwyddyn. Daeth diwedd ar yr ystadau mawrion, daeth bywyd hunangynhaliol y tyddynwyr i ben, a daeth diwedd hyd yn oed ar gynhyrchu seidr yn siroedd y de-ddwyrain. Roedd cymorth ariannol ar gael i ffermwyr dyfu grawn a thatws yn ogystal, a dim byd i'w hannog i dyfu afalau, ac fe ddiwreiddiwyd llawer o'r perllannau. Tybed ai afalau o hen berllan y sonnir amdanynt yn hanes Dewi W. Thomas a'i daith ar hyd hen drac y Cardi Bach pan ddisgrifia bersawr afalau aeddfed ar loriau'r llofft yn fferm Rhyd-tir-du?[67] Tebyg iawn, ac os felly yna dyma, o bosib, yr olaf o'r cyfeiriadau mewn llenyddiaeth Gymraeg at ddull traddodiadol o storio afalau – a'u tyfu – ar fferm yng Nghymru.

Cerdd i'r Hen dyddynwr

Neu, i fod yn fanwl, i bwy bynnag a gododd ei dŷ yng nghysgod Banc Llety Ifan Hen yng ngogledd Ceredigion

...deuais, ar ddiwrnod sidan ym Medi, dros silff o lwybr at Fanc Llety Ifan Hen, a gwelais, i lawr yn y pant, gwmpas dy ddealltwriaeth.

Rhwng yr ochrau coch, caregog, dau gae yn las gan ofal, a chanllath oddi wrthynt, heibio i'r mwyn marw perth glos yn cynhesu dy dŷ, coed gellyg ac afalau, ac un geiriosen, y nant wedi'i phontio a'i dŵr yn bistyll sy'n glir ymhob rhyw dywydd...

Dyma gerdd gan R Gerallt Jones sy'n dangos gwerth symbolaidd yr afallen mewn llenyddiaeth Gymraeg yn ail hanner yr ugeinfed ganrif – yn ogystal â dangos ymdreiddiad tyfu afalau ar ucheldiroedd Gogledd Ceredigion, hyd yn oed.[68]

Dechreuadau

Diod yr afallen yw seidr, ac mae iddi draddodiad a hanes hir yng Nghymru. Mae cryn dystiolaeth bod y Rhufeiniaid yn gyfarwydd â seidr, ac mae cofnodion mynachlogydd o'r bumed a'r chweched ganrif OC yn sôn am yfed seidr a pherai. Mae'n ymddangos mai diod i'r tlodion oedd hi yn bennaf, gan fod yr hanes yn adrodd fel y bu i St Gwenole o Lydaw ddewis byw arni fel penyd a chosb. Yn yr Hen Ffrangeg *sidre* mae gwreiddiau'r gair, ac yn wreiddiol term mwy cyffredinol oedd e, yn dynodi unrhyw ddiod a wnaed gyda ffrwythau gwyllt. Dechreuwyd cynhyrchu diod o'r fath o afalau yn unig yng Ngwlad y Basg, mae'n debyg, erbyn y ddeuddegfed ganrif ac oddi yno fe ledodd y grefft a'r arfer tua'r gogledd i Normandi ac yna i Gymru a Lloegr. Daw'r cyfeiriad cyntaf at seidr yn Lloegr o ddegawd cyntaf y drydedd ganrif ar ddeg, pan glywn fod Robert de Evermore, Arglwydd Stokesley, wedi talu cyfran o'r rhent am ei eiddo yn Norfolk mewn '*wine of permain*' – roedd y '*permain*' yn fath o afal poblogaidd ar y pryd. O'r Gororau mae cyfeiriad arall cynnar at seidr yn dod – o reithordy Aluredston ger Cas-gwent, lle'r oedd perllan ym 1261. Ym 1286 cynhyrchwyd pedair casgen o seidr yno, ac ym 1293 dwy gasgen ac wyth cwart o afalau.[69]

Y tro cyntaf y defnyddiwyd y gair yn y Gymraeg, wedi iddo gael ei fenthyg o'r Ffrangeg, oedd mewn cywydd o eiddo Iolo Goch yn deillio o ail hanner y bedwaredd ganrif ar ddeg. (Awgrymodd un athro ym 1833 mai 'sudd a dŵr' oedd ffynhonnell y gair 'seidyr'!) Mae hyn yn cyd-fynd gyda thystiolaeth bod gwneud seidr wedi dod yn gyffredin yn Swydd Henffordd erbyn y bedwaredd ganrif ar ddeg, ac mae'n siŵr bod yr arfer wedi lledu oddi yno dros y ffin i siroedd de-ddwyrain Cymru. Yn wir, roedd rhannau

Abaty Tyndyrn. Daw un o'r cyfeiriadau cyntaf at wneud seidr yn holl wledydd Prydain o'r ardal hon.

helaeth o orllewin Swydd Henffordd yn Gymraeg eu hiaith a Chymreig eu diwylliant yn ystod y cyfnod, ac fe barhaodd cysylltiadau clos rhwng y swydd honno a Chymru am ganrifoedd. Dros y canrifoedd dilynol roedd traddodiad seidr Swydd Henffordd a Chymru mor agos, mor gysylltiedig ac mor debyg i'w gilydd fel y gellid dadlau mai dim ond estyniad o'r naill oedd y llall.

Ceir cyfeiriadau llenyddol at yfed seidr ym marddoniaeth Guto'r Glyn, Gutun Owain, Ieuan Deulwyn a sawl un arall o feirdd mawr y bymthegfed ganrif, ran amlaf wrth ganu mawl i letygarwch eu noddwyr. Meddai Gutun Owain, yn ei gywydd yn moli'r Abad Siôn o Abaty Glyn

Cefn gwlad Sir Fynwy, perfedd-dir Cymreig yr afal a seidr fel ei gilydd
(© Carwyn Graves)

Afalau Cymru

y Groes ger Llangollen, er enghraifft:

Dir i mi gan seidr a medd

Oedi gwin a da Gwynedd

(Nid rhyfedd i mi, oherwydd seidr a medd

Oedi [rhag blasu] gwin a da Gwynedd)[70]

Cawn y gair 'seidyr' yn y geiriadur Cymraeg cyntaf a gyhoeddwyd gan William Salesbury ym 1547, a'i ddiffiniad ohono yno yn syml iawn yw 'diod o afaleu sydre'. Gwyddom fod yr arfer o wneud seidr wedi ymsefydlu yn Sir Fynwy erbyn yr unfed ganrif ar bymtheg, ac roedd yr ardal o amgylch Cas-gwent yn benodol wedi ennill enwogrwydd mawr am safon ei chynnyrch. Erbyn y ganrif ddilynol fe allforid seidr o Gas-gwent i Fryste, ac fe barhaodd y masnachu hwnnw am dros ddau gan mlynedd.[71] Mae map o lys Tretŵr ger Crughywel o 1587 yn dangos perllan rhyw ddeg acer o faint i'r gogledd o'r llys, a rhywbryd yn ystod yr unfed ganrif ar bymtheg fe adeiladwyd seler seidr yno – y gyntaf o'i bath yng Nghymru. Daeth y selerau hyn yn nodwedd gyffredin yn ffermdai mawr y cylch wrth i seidr ddod yn rhan bwysig o'r economi.[72]

Mae rhestrau eiddo'r cyfnod yn cyfeirio at wneud seidr ym Mro Morgannwg hefyd. Ym 1696, er enghraifft, cawn yn rhestr Tomos Watkin, hwsmon o Drefflemin, 'tŷ seidr – 1, 1 cylchyn seidr, 1 ters, 1 twba, 1 olwyn a'u gwerth yn £1.10s.0d'. Diddorol nodi hefyd bod cofnodion o seidr ar y pryd mewn ardaloedd eraill o Gymru. Mae archifau stad Mostyn yn y gogledd-ddwyrain, er enghraifft, yn cyfeirio at dyfu afalau at bwrpas gwneud seidr dros ardal helaeth. Mae cofnodion llongau yn rhoi darlun o'r sefyllfa hefyd: ym 1673 daeth y *Margaret* o Westbury yn Swydd Gaerloyw â chargo o 37 hocsed (*hogshead*) o seidr a pherai i Bwllheli ym Mhen Llŷn, a rhwng 1682 a 1688 daethpwyd â llwythi tebyg i'r harbwr ar yr *Edmund* o Fryste, y *William and Deborah* o Yarmouth a'r *Katherin* o Abertawe. Yn ddiddorol iawn, fe allforiwyd cargo o seidr o Gaernarfon i Lerpwl a Chaer ym 1690, ac mae'n bosib mai seidr lleol oedd hwnnw. Ysgrifennodd John Lewis o Benfro oddeutu 1700 ei fod wedi 'byw i weld llwyni a pherllannau helaeth a blennais i fy hunan, ac o gynnyrch y rhain rwyf wedi ers rhai blynyddoedd gynhyrchu storfa

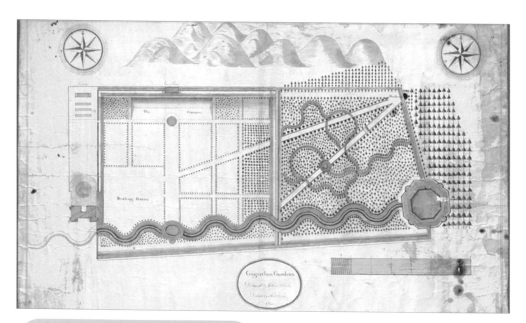

sylweddol o seidr yn flynyddol, er bod fy nhir yn agored i'r môr'.[73]

Serch hyn, siroedd y de-ddwyrain a'r ffin oedd yr ardaloedd seidr go iawn, ac fe gydnabuwyd hynny erbyn dechrau'r ddeunawfed ganrif. Wrth sôn am Sir Fynwy, noda cerdd ddaearyddol o 1720 sy'n disgrifio prif nodweddion tair sir ar ddeg Cymru:

Gwaith y merched hyn yn union
Nyddu rhai gwlanenni meinion
Trin seidr o'r perllannau tewfrith
A gweithio hetiau gwellt y gwenith[74]

Ac ym 1786 fe honnodd Edward Davies;

...no better cider does the world supply
Than grows along thy borders gentle Wye

Yn wir, roedd tafarndai yn hysbysebu eu nwyddau yn Sir Fynwy trwy ganolbwyntio ar eu seidr erbyn dechrau'r ddeunawfed ganrif. Mae argraff uwchben drws tafarn y Tŷ Gwyrdd yn Llantarnam yn cyhoeddi bod yno:

'Cwrw da / a seidir i chwi / dewch y mewn / chwi gewch y brofi'.

Cawn ddisgrifiadau mwy manwl o'r diwydiant ar ddechrau'r bedwaredd ganrif ar bymtheg, gyda Charles Hassell, er enghraifft, yn nodi ym 1813 bod 'perllannau ym mhob rhan dyffrynnog o'r sir, ac mae rhai ffermwyr yn gwneud mwy o seidr mewn blynyddoedd toreithiog nag yr yfai eu cyndeidiau'. Ac yn yr un modd, fe nododd Walter Davies ('Gwallter Mechain') ym 1815 bod perllannau Sir Frycheiniog a Sir Faesyfed yn 'ffynnu yn dda ac yn cynhyrchu seidr o ansawdd da o ran blas a chryfder'.[75] Erbyn ail hanner y ganrif cawn ffigyrau mwy manwl am dyfu afalau, ond mae'n debyg bod maint yr ardaloedd o dan goed afalau seidr yn is

'Cwrw da, a seidir i chwi. Dewch y mewn, chwi gewch y brofi'. Y Tŷ Gwyrdd, 1719, Llantarnam ger Cwmbrân. Cymraeg oedd iaith marchnata ar y pryd.

nag y mae'r ffigyrau yn ei awgrymu, gan fod hinsawdd y tir uchel yn rhwystro tyfu afalau digonol i gynhyrchu seidr. Yn yr ucheldiroedd yn y de-ddwyrain, fe fyddai ffermwyr yn prynu afalau o berllannau'r tir isel ac un ai'n gwneud seidr ar ffermydd y tir isel, neu, fel a ddaeth yn gynyddol gyffredin, yn mynd â nhw yn ôl i'w ffermydd mynydd ac yn aros am ymweliad y felin seidr deithiol. Tiriogaeth draddodiadol seidr yng Nghymru felly oedd y tiroedd hynny yn y de-ddwyrain a oedd yng nghysgod glawiad y mynyddoedd: Sir Fynwy, dwyrain Morgannwg, tir isel Sir Frycheiniog a Sir Faesyfed a rhannau cysgodol o Sir Drefaldwyn.

Gwneud seidr yng Nghymru

Yng Nghymru a Swydd Henffordd fel ei gilydd, nid crefft fanwl, fasnachol oedd cynhyrchu seidr i'r mwyafrif. Yn hytrach, y nod yn ddieithriad bron oedd cynhyrchu digon o seidr at ddefnydd y teulu a gweision y fferm yn unig, a gwneid hyn mewn modd anwyddonol a diffwdan dros ben, heb gymryd llawer o sylw o flas nac ansawdd y ddiod a gynhyrchid. O ganlyniad rhaid oedd dysgu hoffi'r ddiod hon, ond roedd hi'n ffefryn gan weithwyr amaethyddol oherwydd ei nodweddion arbennig: tueddai fod yn sych iawn, yn gwbl llonydd ac yn clirio'r geg a thorri syched yn effeithiol iawn. Diod ddiogel oedd hi hefyd o ran cynnwys alcohol, gan

fod y mwyafrif o ffermwyr yn ei gwanhau gyda dŵr fel mai cynnwys alcohol o rhwng 4.5% a 5.5% yn unig oedd ganddi.

Y cam cyntaf wrth gynhyrchu seidr yw gofalu am y berllan. Diofal yw'r ansoddair mwyaf addas i ddisgrifio'r ffordd y trinnid perllannau yn ne-ddwyrain Cymru yn y bedwaredd ganrif ar bymtheg. Ni byddid yn tocio'r coed, ac ychydig iawn o ffermwyr a fyddai'n rhoi gwrtaith i'w coed. Y prif ofal a roddai ffermwyr i'r coed afalau oedd eu gwyngalchu i'w cadw rhag pla; fel arall, rhoddid llawer o ffydd yn yr ofergoel a ddywedai bod haul ar ddydd Nadolig yn gwarantu cynhaeaf da o afalau y flwyddyn wedyn.[76]

Cesglid yr afalau wrth iddynt gwympo o fis Medi ymlaen, gan dynnu rhai oedd yn parhau ar y goeden gyda pholyn arbennig o'r enw *panking pole* yn Saesneg.[77] Ar ôl eu cael i gyd ar lawr, fe'u rhoddid mewn pentyrrau yng nghornel y berllan a'u gadael nes bod angen amdanynt. Yng Nghymru ac yn Swydd Henffordd roedd gwrthwynebiad i'r syniad o storio afalau seidr dan do am y byddai hyn yn achosi i'r ffrwythau sychu ac yn eu rhwystro rhag llifo'n iawn wrth eu malu. Credid hefyd bod ychydig o rew yn fanteisiol gan ei fod yn helpu aeddfedu'r afalau a'u gwneud yn haws i'w malu. Roedd y ffermwr yn gwybod eu bod yn barod i'w malu pan oedd yr afalau yn ddigon meddal i wthio bys bawd iddynt.[78] Ni fyddai gwneuthurwyr seidr yng Nghymru yn cadw at arferion da fel tynnu ffrwyth wedi'u cleisio, gwahanu gwahanol fathau o afal, neu aros nes bod yr holl afalau'n aeddfed cyn cynhyrchu'r seidr; yn hytrach, taflent bopeth ynghyd a gwneud y seidr ar ruthr.

Pan fyddai'r afalau wedi aeddfedu digon byddai'n rhaid cael y sudd ohonynt. Gwneid hyn mewn dau gam; yn gyntaf, eu malu i greu soeg afalau (*pomace*) ac yna gwasgu hwnnw i dynnu'r sudd ohono. Mewn ffermdai llai, byddai ffermwyr yn defnyddio twba a pholyn o bren trwm neu raw fetel i falu'r afalau, fel gyda breuan a phestl. Roedd rhai ffermydd yng Nghymru yn dal i wneud hyn ar ddechrau'r ugeinfed ganrif.[79] Dull arall o'u malu gyda llaw oedd trwy ddefnyddio cafn seidr, sef boncyff â phant ynddo. Rhoddid yr afalau yn hwn ac yna rholio darn o bren yn ôl ac ymlaen ar hyd y cafn a malu'r afalau oddi tano. Mae cafn seidr o'r fath, a ddarganfuwyd ym Mhatrisio

Coeden afalau mewn perllan gymysg draddodiadol, yn rhannu'r tir gyda defaid, ffowls a gwenyn (© Carwyn Graves)

(*Patrishow*) ger y Fenni, i'w weld yn Amgueddfa Werin Cymru.

Y dull mwyaf cyffredin o falu'r afalau, fodd bynnag, oedd trwy ddefnyddio melin seidr garreg. Dechreuwyd defnyddio'r rhain yn yr ail ganrif ar bymtheg. Pentwr o gerrig siâp cylch â chafn ar ei ben gyda diamedr o ryw saith troedfedd oedd y felin. Arferid rhedeg olwyn garreg fawr ar ei hechel yn ôl ac ymlaen ar hyd y cafn hwn. Cysylltid y garreg hon â strwythur pren fel bod modd harneisio ceffyl neu asyn wrthi, ac wrth i'r anifail gerdded o amgylch y felin byddid yn malu'r afalau. Ychwanegid dŵr at y soeg afalau bob hyn a hyn er mwyn stopio'r afalau mâl rhag glynu at y garreg; y dŵr dewisol dros bob dŵr arall oedd dŵr llonydd o bwll hwyaid! Gwaith araf ydoedd, ac fe'i cedwid fel arfer at ddyddiau mwll pan oedd gwaith tu allan ar y fferm yn amhosib. Wrth ddefnyddio'r dull hwn gellid malu rhyw hanner tunnell o afalau mewn diwrnod, os oedd dau neu dri dyn wrth y gwaith.

Mae'r enghraifft hynaf o felin o'r fath yng Nghymru yn dyddio o 1770 o Fferm Craigybwla nid nepell o Grucywel, ond mae bodolaeth nifer o dai melin seidr o'r ganrif cyn hynny yn awgrymu bod y dull lawer yn hŷn na hynny. Ar ddechrau'r 1980au roedd dros 2,000 melin seidr o'r fath wedi goroesi yn Swydd Henffordd, a bron 150 ohonynt yng Nghymru.[80] Roedd diflaniad ceffylau o ffermydd yng Nghymru ar ddiwedd yr Ail Ryfel Byd yn un o'r prif resymau pam y peidiodd yr arfer o wneud seidr ar ffermydd; roedd y melinau yn rhy drwm i'w troi gyda nerth bôn braich yn unig.

Wrth i'r bedwaredd ganrif ar bymtheg fynd rhagddi, daeth opsiwn arall ar gyfer malu i afael ffermwyr, sef y felin fecanyddol, a elwid ar lafar yn *scratter*. Yn raddol fe gymerodd hon le y cafnau seidr a ddisgrifiwyd uchod, ond roedd y Cymry'n llawer mwy cyndyn i'w mabwysiadu fel rheol nag oedd ffermwyr Swydd Dyfnaint neu Wlad yr Haf. Dadleuwyd eu bod yn llawer llai trylwyr wrth falu'r afalau, eu bod yn cyflawni'r gwaith yn rhy gyflym o lawer (ac yn wir, roedd modd malu afalau rhyw ddeg neu bymtheg gwaith yn gyflymach trwy ddefnyddio'r rhain nag wrth ddefnyddio'r melinau carreg) a bod y seidr a gynhyrchent yn eilradd. Erbyn y 1850au pwerid rhai o'r melinau newydd hyn gan beiriannau ager cludadwy. Yng Nghymru, prif effaith y datblygiad hwn oedd dyfodiad y gwneuthurwyr seidr teithiol. Roedd y rhain yn crwydro o amgylch ffermydd bychain mewn ardaloedd seidr

Corn Farm Cider House
Llangattock Lingoed, Monmouthshire SO40?

Darlun o dŷ seidr yn dyddio o 1754 yn Llangatwg Lingoed, Sir Fynwy (darlun gan Falcon Hildred 'Rural Life and Industry', © defnyddir gyda chaniatâd Cymdeithas Melinau Cymru)

gyda melin seidr, a daethant yn fwyfwy cyffredin ar ddechrau'r ugeinfed ganrif. Dechreuodd Mr C. T. Morris o Raglan yn wneuthurwr seidr teithiol ym 1928, gan ymweld â 40 fferm, a 67 yn flynyddol erbyn 1946. Ym 1928 cynhyrchodd 18,000 galwyn o seidr, ond bu gostyngiad mawr yn y galw yn ystod y 1950au, ac ym 1959, ei flwyddyn olaf, dim ond 180 galwyn a gynhyrchodd. Roedd ymweliad y gwneuthurwr seidr yn ddigwyddiad

cymdeithasol yn yr ardaloedd hyn, ac roedd hi'n arferiad i ffermwyr lleol ymgynnull ar y fferm lle'r oedd y gwneuthurwr ar fore Sul i hel straeon ac i flasu 'ansawdd seidr eleni'.[81]

Wedi malu, yr ail gam oedd gwasgu'r soeg afalau. Yn wreiddiol defnyddid gweisg derw mawrion, ond fe hepgorwyd ar y rhain yn ystod y bedwaredd ganrif ar bymtheg a mabwysiadu gweisg ysgafnach o haearn. Gan fod y soeg afalau mor ddyfriog, roedd rhaid ei ddal yn ei le rywsut; yng ngorllewin Lloegr defnyddid gwellt at y diben hwn, ond yng Nghymru roedd yn well gan ffermwyr ddefnyddio matiau mawr, bras wedi'u gwneud o flew ceffyl. Daliai'r rhain y soeg yn ei le gan ganiatáu i'r sudd lifo allan. Gosodid y soeg ar y mat, ac yna eu pentyrru un uwchben y llall yn y wasg; gelwid y pentwr hwn yn *cheese*. Yn araf deg fe droid y sgriw a gwthio'r pren ar y *cheese* mor galed â phosib, ac oes oedd amser, gadael y cyfan dros nos fel bod yr holl sudd yn llifo o'r soeg i'r twba o dan y wasg. Byddai gweddillion y soeg yn cael

eu defnyddio yn fwyd i'r anifeiliaid, ac mae sawl chwedl yn gysylltiedig â'r arfer hwn. Roedd nodweddion rhyddhaol y soeg, fel petai, yn ei wneud yn beryglus iawn mynd yn rhy agos at benolau anifeiliaid a oedd wedi eu bwydo ag ef![82] Mewn oesoedd cynharach defnyddid y soeg yn aml yn wrtaith neu fel tanwydd.

Gweisg seidr traddodiadol o Gymru, ac ar y dde, malwr afalau traddodiadol

Hanesyn ffermwr Gwynllwg a'r 'Seidr Bendigedig'

Mae hanesyn bach difyr yn y *Monmouthshire Merlin* yn Ionawr 1867. Fe aeth ffermwr bach ar dir isel Gwynllwg yng Ngwent i'w seler i weld sut gyflwr oedd ar ei seidr. Yn anffodus, doedd y ddiod yn dda i ddim y flwyddyn honno, ac fe arllwysodd y cwbl o gynnwys y baril i hen gasgen heb gaead, a'i adael yno am sawl mis. Pan ddaeth yn ôl a blasu beth a ddylai fod yn finegr, cafodd syndod o ddarganfod bod yno ddiod o 'flas bendigedig'. Aeth y si am y seidr bendigedig hwn ar led yn y pentref a thu hwnt a chyn bo hir roedd y diferyn olaf wedi ei yfed. Dyma'r ffermwr wedyn yn tynnu'r crwstyn trwchus ar waelod y baril ac ebychu 'Ych-a-fi! Esgyrn dwsinau o lygod a llygod mawr!' Roedd y seidr wedi ennill ei flas trwy fwyta'r anifeiliaid! Ceir hanesion tebyg mwy diweddar hefyd gan drigolion hŷn iseldiroedd Gwynllwg.

Gwasg seidr draddodiadol, wedi ei chadw ar ynys Jersey

Ar ôl gwasgu, fe drosglwyddid y sudd i gasgenni pren i'w heplesu a'u storio. Dyma oedd y rhan hudolus a dirgel o'r broses, a oedd y tu hwnt i reolaeth y ffermwr. Burum gwyllt sy'n byw yn naturiol yn yr awyr (ac nid ar groen yr afalau, fel y credai'r ffermwyr) oedd yn gyfrifol am y broses, a gadawai'r ffermwyr i'r broses fynd yn ei blaen heb ymyrryd â

Un arall, a gadwyd yn Amgueddfa Werin Cymru

Afalau Cymru

hi, oni bai am y ffaith y byddent weithiau yn 'bwydo'r' burum trwy ychwanegu siwgr, betys, neu hyd yn oed gig. Ni fyddai unrhyw olion o'r 'bwyd' hwn ar ôl yn y ddiod wedi i'r eplesu ddod i ben; rhan o ddirgelwch cyfriniol y broses. Cymerai'r broses rhwng pythefnos a mis, oni bai ei bod hi'n dywydd oer iawn. Pan oedd y broses ar ben, fe selid y casgenni a'u gadael am dri mis a mwy (gallai gadw am hyd at bum mlynedd) cyn ei yfed.

Diwedd y traddodiad

Pwy fyddai'n yfed y seidr hwn felly? Y mwyafrif o bobl yn y bröydd seidr, ond gweision fferm yn fwy na neb. Roedd seidr yn rhan bwysig o'u cyflog, a pharhaodd hyn yn wir ymhell ar ôl gwahardd yr arfer ym 1887. 'Dim seidr, dim gwaith' oedd y dywediad a glywid yn lled aml, ac roedd hi'n anodd i ffermwyr a chanddynt enw am seidr gwael neu ddim digon ohono ddenu a chadw llafurwyr. Rhwng dau a phedwar chwart (pedwar i wyth peint) y dydd a

Rhagor o offer fferm at wneud seidr o'r Amgueddfa Werin

dderbyniai gweision fferm yng Nghymru fel arfer, a chymerent botel neu gostrel hanner galwyn gyda hwy i'r caeau.[83] Yfid seidr ar bob adeg o'r dydd a'r flwyddyn, ac roedd hi'n gwrtais cynnig gwydryn o seidr i bob ymwelydd a ddeuai i'r fferm – yn arbennig felly i ddyn y ffordd (fel diolch iddo am helpu'r ffermwr ddal unrhyw anifeiliaid strae) a'r plismon. Yn y gorllewin chwaraeai cwrw rôl debyg iawn, er bod cofnod diddorol o 1932 yn sôn am seidr mewn tafarn yng Nghribyn, pentref yng Ngheredigion a oedd yn ddigon pell o'r rheilffordd i awgrymu'r posibilrwydd mai seidr a gynhyrchwyd yn lleol ydoedd.[84] Sonia Cledwyn Hughes hefyd fod dynion seidr crwydrol yn gyffredin ar y tir isel o amgylch Dolgellau, gan ddweud bod 'pob fferm yn cynhyrchu seidr a dyma oedd diod y cynhaeaf' – sy'n awgrymu bod y ddiod yn gyfarwydd ymhell y tu hwnt i fröydd y de-ddwyrain.[85]

Nid pawb oedd yn fodlon â'r sefyllfa, fodd bynnag, gan fod argaeledd seidr yn aml yn arwain at feddwdod, damweiniau neu ymladd. Yn adroddiad 1847 ar addysg yng Nghymru (adroddiad y 'Llyfrau

Gleision') nodwyd am Sir Frycheiniog:

'the morals of the Country are certainly very defective, owing to the system of drinking cider etc., so prevalent here: drunkenness is the common sin of both farmer and their servants... in harvest time this practice is still more prevalent.'

Gwelodd y bedwaredd ganrif ar bymtheg dwf mawr y mudiad dirwest yng Nghymru, ac roedd pwyslais ar ymwrthod â'r ddiod feddwol yn llwyr fel marc o ymddygiad parchus yn y gymuned. Cafodd y diwygiadau crefyddol effaith sylweddol ar yfed seidr, ac mewn adroddiad swyddogol ym 1896, nodir bod y pulpud a hyrwyddwyr dirwest wedi achosi newid mawr er gwell yng Nghymru. Serch hynny, teimlodd y pregethwr John Green yr angen i draddodi pregeth danllyd yn Nhrefeca ym 1934 ar y testun 'Brecknockshire – cider-besotten county'.[86]

Anodd yw cloriannu union effaith y mudiad dirwest ar dranc seidr yng Nghymru, ond diau bod ganddo ryw ran ynddo. Roedd newidiadau mawr ar droed mewn amaethyddiaeth ar draws Ewrop, a

Offer yfed seidr traddodiadol

gellid yn hawdd ddadlau bod diwedd cynhyrchu seidr ar y fferm yn ddim ond un rhan o'r symudiad cyffredinol i ffwrdd oddi wrth ffermydd lled-hunangynhaliol a thuag at economi wedi ei dominyddu gan gwmnïau mawr masnachol. Ymysg y ffactorau eraill, fe chwaraeodd y gostyngiad mawr yn niferoedd gweithwyr fferm ran bwysig; yn ogystal â hyn roedd blas pobl am ddiodydd yn newid, y gwaith ar ffermydd yn llai sychedig gyda dyfodiad peiriannau, perllannau yn llai gwerthfawr mewn economi ariannol, a seidr rhad, melys ar gael o ffatrïoedd mawr. Parhaodd rhai ffermwyr gyda'r arfer hyd at chwedegau a saithdegau'r ganrif ddiwethaf, ond roedd prif ffrwd y traddodiad a oedd wedi uno siroedd de-ddwyrain Cymru yn eu hoffter o ddiod yr afallen wedi dod i ben.

Peiriant seidr symudol o'r UDA

Pennod 4 – Yr Afal Cymreig heddiw

Y sefyllfa heddiw

O'r archfarchnad, ac o dramor yn wreiddiol, y daw cyfran helaeth iawn o ffrwythau Prydain erbyn heddiw. Yn 2002 fe fewnforiodd y Deyrnas Unedig 75% o'i hafalau.[87] Daethai cyfran uchel o ffrwythau Cymru o Loegr ers blynyddoedd lawer; serch hynny, bu'r dirywiad a welwyd yng Nghymru ers yr Ail Ryfel Byd mewn tyfu afalau yn fwy dramatig ac yn fwy serth nag yn yr un rhan arall o'r DU. Mae'r cyfrifiad amaethyddol yn amcangyfrif y bu lleihad o 94% yn arwynebedd tir perllannau yng Nghymru rhwng 1958 a 1992. Ychydig iawn o berllannau masnachol oedd yng Nghymru erbyn dechrau'r unfed ganrif ar hugain.

Yn ôl adroddiad Cyfoeth Naturiol Cymru yn 2013, roedd 4,867 o berllannau traddodiadol unigol yng Nghymru, sy'n cyfateb i arwynebedd o 653 hectar. (Diffinnir perllan yn safle ag o leiaf pum coeden â'u coronau lai nag 20 metr oddi wrth ei gilydd). O gynnwys safleoedd ymylol o safbwynt bywyd gwyllt – safleoedd creiriol, safleoedd wedi'u hesgeuluso, coed a reolir yn ddwys a.y.b.,

Ail-eni'r traddodiad. Seidr 'Gwynt y Ddraig' o Lanilltud Faerdref.

mae'r cyfanswm yn codi i 7,363 o safleoedd a thros 1,037 hectar. Dengys yr asesiad bod 35% o berllannau traddodiadol Cymru mewn cyflwr gwael o safbwynt bywyd gwyllt, 58% mewn cyflwr da a dim ond 7% mewn cyflwr rhagorol.

Serch hyn fe fu diwygiad bach yn ystod y blynyddoedd diwethaf, yn enwedig mewn seidr. Ceir rhestr gynhwysfawr o gynhyrchwyr seidr yng Nghymru ar ddiwedd y llyfr hwn, ond mae diwydiant seidr Cymru wedi mynd o'r peth nesaf i ddim ar ddechrau'r 1980au i sefyllfa lle mae dros 60 o gynhyrchwyr seidr masnachol yng Nghymru, a thros gant o unigolion yn ennill eu bywoliaeth ohono.[88] Fe dorrwyd tir newydd yn y diwygiad hwn hefyd: mae Richard a Iola Huws yn nyffryn Nantlle wedi plannu 16 acer o berllannau ar lethrau gorllewinol Eryri, gan gymryd mantais o lechi'r mynyddoedd sy'n adlewyrchu gwres yr haul er mwyn aeddfedu'r ffrwyth. Mae'r mwyaf o'r cynhyrchwyr seidr Cymreig, Gwynt y Ddraig o Lanilltud Faerdref, wedi ennill llu o wobrau ac mae seidr y cwmni ar gael mewn tafarndai yn Lloegr, hyd yn oed.

Mae Welsh Mountain Cider o Lanidloes wrthi'n gwrthbrofi holl reolau tyfu afalau gyda'u perllan 400 metr uwchben lefel y môr yng nghanolbarth Cymru ar ben mynydd.

Afalau di-nam mewn archfarchnad. Nid fel hyn y daw'r mwyafrif o afalau o'r coed yn yr Hydref.

Yr afal yn y Gwledydd Celtaidd heddiw

Llydaw

Yn Llydaw mae traddodiad afalau sydd lawn cyn hyned â thraddodiad Cymru, ac sydd wedi goroesi hyd heddiw. Mae *cidre et crêpes* neu seidr a chrempog yn glasur o gyfuniad yn Llydaw, ac mae *cidre breton* yn gyfarwydd fel diod draddodiadol o ansawdd ar draws Ffrainc, sy'n dangos llwyddiant y gwneuthurwyr Llydewig wrth farchnata eu cynnyrch. Mae dros 120 o fathau traddodiadol o afalau Llydewig wedi eu cadw mewn perllan gadwraeth yn Arzano yn ne Llydaw, ac mae cyfanswm o 450 o fathau traddodiadol o afal wedi eu cofnodi yn Llydaw, diolch i waith diflino ers y 1980au.[89]

Iwerddon

Mae hen gyfreithiau'r Gwyddelod, y cyfreithiau *Brehon* o'r seithfed a'r wythfed ganrif, yn rhoi gwybod i ni mai'r ddirwy am dorri coeden afalau oedd pump o dda godro. Roedd y pren afalau'n werthfawr yn yr Ynys Werdd, felly. Ceir sôn am fath Gwyddelig o afal am y tro cyntaf mewn dogfen o 1598, a daeth llawer o'r mathau hyn, fel yr '*Irish Peach*' a'r '*Irish Russet*', yn adnabyddus ym Mhrydain yn ystod y bedwaredd ganrif ar bymtheg. Mae dros 70 o fathau Gwyddelig o afal wedi eu cofnodi a'u cadw mewn perllannau treftadaeth ar draws y wlad. Mae cwmni Magners wedi sicrhau bod seidr Gwyddelig bellach yn enwog yn fyd-eang, ac wedi creu busnes gwerth miliynau o ewros sy'n cyflogi cannoedd o bobl.[90]

Cernyw

Mae adroddiad o 1811 yn nodi bod coed afalau yn 'gyffredin' yng ngerddi gweithwyr yn y wlad honno, ac 'yng ngerddi tai'r bonheddwyr mae enghreifftiau o flasau arbennig a phob math o ffrwythau chwaethus.' Daeth llawer o'r dyffrynnoedd, yn enwedig ar hyd arfordir mwy cysgodol y de, yn ganolfannau enwog am dyfu ffrwythau, a daeth nifer o fathau Cernywaidd o afalau i'r fei, gan gynnwys '*Cornish Gillyflower*' a '*Tregonna King*'. Mae cofnodion am gynhyrchu seidr yn ymestyn yn ôl i'r drydedd ganrif ar ddeg, ac fe barhaodd y traddodiad seidr yn fyw hyd y cyfnod modern, a nifer o wneuthurwyr newydd wedi ymddangos ar ddechrau'r unfed ganrif ar hugain.

Y Mathau Cymreig

Sut flas, sut olwg, a pha nodweddion oedd gan yr afalau a dyfid yng Nghymru ers talwm, felly? Mae'n anodd iawn gwybod, gan fod cyn lleied o gyfeiriadau at afalau penodol. Rhestr Iolo Morganwg a'r *Cambrian Journal* yw'r unig restr fanwl o'r gwahanol fathau o afalau Cymreig y gwyddom amdani; fel arall dim ond cyfeiriadau unigol fan hyn a fan draw a geir. Mae'n bur debyg y byddai'r un peth wedi bod yn wir am ffermwyr y gorffennol eu hunain; byddai enwau gan lawer ohonynt ar eu hafalau, ond fe fyddai'r enwau hynny wedi amrywio o bentref i bentref a hyd yn oed o fferm i fferm weithiau, er mai'r un afal oedd dan sylw. A hyd yn oed pe bai'r ffermwyr yn gallu adnabod gwahanol afalau wrth eu henwau, ychydig iawn o wybodaeth oedd gan y trwch ohonynt am nodweddion yr afalau hynny. Sylw George Bunyard ar y mater ym 1881 oedd 'growers knew little of the varieties they possessed'.[91] Mae'r *Glamorgan County History* yn disgrifio'r mathau a dyfid yn y sir fel rhai i'w coginio gan amlaf, ac yn enwi nifer o fathau o Loegr, fel *Bramley's Seedling*, *Newton*

Afalau aeddfed mewn perllan ym Mhrydain. Llai o sglein yn perthyn iddynt, ond blas cymhleth rhan amlaf.
(© Carwyn Graves)

Wonder a *Lord Derby*. Ond dydy hyn ddim yn golygu nad oedd tyddynwyr y sir hefyd yn tyfu mathau lleol; yn hytrach, mae'n awgrymu'n gryf nad oedden nhw'n gwybod beth oedd enwau 'cywir', Saesneg, y mathau cynhenid hynny.

Cymerwn ardal Dyffryn Tywi, ardal a chanddi lawer o ffermydd wedi eu henwi ar ôl perllannau, ac â chanddi hinsawdd fwyn, tir da a hanes nodedig o dai mawrion a sefydliadau crefyddol; amodau perffaith (o fewn cyd-destun Cymreig) i chwilio am fathau cynhenid o afalau. Mae cofnodion stad Gelli Aur yn dangos y tyfwyd afalau yno, ac mae un o'r mathau Cymreig sydd wedi goroesi hyd heddiw wedi'i enwi ar ôl y stad. Un a ysgrifennodd hunangofiant yn croniclo nodweddion bywyd tyddynwyr yr ardal ar ddiwedd y bedwaredd ganrif ar bymtheg yw D. J. Williams (*Hen Dŷ Ffarm*, 1961). Yn y gyfrol honno fe gyfeiria at dri amrywiaeth o afal a dyfid yn lleol – 'Afal Vicar', 'Afal Bwen Bach' a 'Marged Niclas'. O'r rhain, yr unig un a ailddarganfuwyd hyd yn hyn yw 'Marged Niclas'. Gall fod y lleill wedi darfod a diflannu o'r tir, neu fod mewn hen berllannau yn aros i rywun eu hadnabod, neu yn wir gall fod enw arall arnynt bellach. Tybed faint o'r afalau a enwir yn rhestr Iolo Morganwg (gw. tud 44) a dyfid o hyd ar ddiwedd yr Ail Ryfel Byd, ond a gollwyd ers hynny? Rhai dwsinau? Mwy fyth?

Roedd mathau eraill hefyd ar un adeg yn Sir Gaerfyrddin, er enghraifft ar fferm Maesquarre. Etifedd y fferm oedd John Lewis Williams (1853–1919), ac fe blannodd nifer fawr o goed yno. Cadwodd gofnod o bopeth a blannodd – dros gant o fathau o afal yn ei berllan, gan gynnwys un yn dwyn yr enw diddorol 'Twll Din Gŵydd', ac afal bychan melys â smotiau gwyn o'r enw 'Afal Melys Bach'.

Roedd hanesion diddorol i nifer o'r hen fathau cynhenid hyn. Er enghraifft, perllan o afalau euraid oedd yn Abaty Margam.[92] Mae gwreiddiau'r berllan hon yn gorwedd gyda llwyth llong o afalau gafodd eu danfon o Bortiwgal yn rhodd i'r Frenhines Mari, adeg ei dyweddïad â Wiliam III. Hwyliodd y llong yn erbyn craig ger Margam, ac fe fynnodd perchennog yr abaty ar y pryd y dylid plannu'r afalau ar ei diroedd. Pan glywodd pwy oedd i fod i dderbyn y llwyth, fodd bynnag, ceisiodd eu hanfon ymlaen i Lundain. Ond ymateb ei Fawrhydi oedd y dylai ddal ati i'w tyfu ym Margam yn lle hynny. Roedd yr afalau yn

Perllan dreftadaeth Gymreig yn yr Ardd Fotaneg Genedlaethol. Ceir yma un o bob math o afal cynhenid i Gymru y gwyddom amdanynt. (© Bruce Langridge)

enwog yn y cylch am flynyddoedd lawer, ac felly hefyd y coed heini a dyfai dros 20 troedfedd o uchder. Maent i gyd bellach wedi diflannu.

Mae mathau eraill hefyd wedi eu colli bellach, er bod cofnod da ohonynt ar un adeg. Mae'r garddwr John Basham (gweler y blwch) yn disgrifio math lleol o'r enw 'Afal bach coch y Vandra' a oedd yn cynhyrchu cnwd da ac yn un a gadwai'n dda – dwy nodwedd a fyddai wedi ei wneud yn ffefryn ymhlith y tyddynwyr a'r ffermwyr cyffredin.[93] Ond diflannu a wnaeth, a chydag e ran arall o dreftadaeth arddwriaethol Cymru.

Perllan a gwneuthurwyr seidr Pant Du, ac (uchod), perllan gymunedol. Mae gan y rhain rôl bwysig mewn dal i dyfu hen fathau o afalau. (© Carwyn Graves)

At ei gilydd, cysgod o'r hyn a fu yw'r mathau o afal Cymreig sy'n dal i fod gennym heddiw – ond cysgod gwerthfawr serch hynny. Gall fod rhai o'r hen fathau yn goroesi ar hen goeden mewn hen berllannau ffarm neu erddi cefn. Mae'r mathau hynny sydd wedi eu cadw bellach mewn perllan dreftadaeth yng Ngardd Fotaneg Genedlaethol Cymru. Fe'u casglwyd o bob cwr o Gymru, ac mae gwaith yn mynd yn ei flaen i archwilio a dysgu am eu nodweddion. Mae nifer o fentrau cymunedol a pherllannau ysgol hefyd yn cael eu plannu ar draws y wlad, ac yn defnyddio hen fathau o afalau

Seidr Pontymeddyg – un o'r gwneuthurwr mwyaf diweddar yn yr adfywiad cyfoes

unig ran amhrisiadwy o'n treftadaeth a'n hanes, ond hefyd ddeunydd genetig defnyddiol ac unigryw at y dyfodol.

Cymreig sydd unwaith eto ar gael i'w plannu (gw. tud. 106).

Gyda newid yn yr hinsawdd, mae hi'n bosib y bydd rhannau o Gymru yn mynd yn fwy addas i dyfu ffrwythau wrth i rannau eraill o Ewrop fynd yn rhy boeth, ac fe allai fod yn ffordd dda i rai ffermwyr greu incwm yn y dyfodol. Mae un peth yn sicr; gyda phob math o afal gwahanol y llwyddwn i'w gadw, fe ddiogelir, nid yn

Cwmni seidr Hallets, ac (uchod) hen wasg seidr o'u heiddo

Basham a Pettigrew

Dau o'r prif gymeriadau yn hanes yr afal yn y Gymru Fictorianaidd oedd y garddwyr John Basham ac Andrew Pettigrew

Sylfaenydd meithrinfa Fairoak, Basaleg, oedd Basham (1845–1927). Roedd yn frwd o blaid hyrwyddo tyfu ffrwythau, a chymerodd ddiddordeb manwl yn afalau traddodiadol a

Andrew Pettigrew, a fridiodd afal diflanedig Caerdydd, afal 'Gabalva'
(© Tim Pettigrew)

pherllannau de-ddwyrain Cymru. Ym 1899 cyhoeddodd ddisgrifiad o gyflwr tyfu ffrwythau yn Sir Fynwy, a hwnnw yw'r cofnod manylaf sydd ar gael i ni heddiw o dyfu afalau yng Nghymru yn ystod Oes Fictoria.

Efallai mai am iddo gyflwyno math newydd o afal ym 1900 – 'St Cecilia' – y cofir amdano fwyaf. Mae'r afal hwn, sy'n llawn sudd, yn deillio o 'Cox's Orange Pippin', a dywedir ei fod ar ei orau ar ddiwrnod St Cecilia, sef 22 Tachwedd.

Prif arddwr Trydydd Ardalydd Bute, teicŵn glo Caerdydd, oedd Pettigrew (1833–1903). Ym 1873 rhoddwyd iddo'r dasg o ddatblygu tiroedd Castell Caerdydd, gan gynnwys gardd gynhyrchiol a fyddai nid yn unig yn cyflenwi'r stad yng Nghaerdydd, ond hefyd gartrefi eraill Bute megis Mount Stewart ar Ynys Bute yn yr Alban. Fe blannodd erwau ar erwau o goed, llwyni a blodau yn yr hyn a ddaeth yn ddiweddarach yn Barc Bute. Roedd yr ardd gynhyrchiol a'r feithrinfa o dan yr ardal lle mae Neuadd Dinas Caerdydd heddiw. Diflannodd holl olion y feithrinfa blanhigion hon erbyn 1920.

Ym 1899 a 1900 anfonodd Pettigrew erthyglau at gyfnodolion parchus yn clodfori nodweddion afal newydd roedd wedi ei feithrin, afal 'Gabalva'. Disgrifia'r afal yn fanwl:

'roedd y ffrwythau mor fawr â rhai Blenheim Orange. Roedd eu lliw hefyd yn debyg i'r rhain, yn goch tywyll ar y naill ochr ac yn felyn ar y llall. Ar y croen goleuach roedd smotiau brown niferus. Gosodid y coesyn mewn ceudod llydan a dwfn, a'r llygad mewn basn dwfn hefyd. Ffrwyth i'w fwyta yn hwyr yn y flwyddyn ydoedd, ond yn ôl Pettigrew gellid hefyd ei goginio yn y flwyddyn newydd.'

Roedd Pettigrew yn selog ynglŷn â'r coed – roedd ganddo dri o goed mawrion ar ei dir a oedd dros 60 oed yr un, pob un ohonynt yn rhyw 35 troedfedd o uchder, a'u boncyffion yn fwy o drwch na chorff dyn. Coed heini, cryf a chynhyrchiol.

Heb os, roedd yn fath arbennig o afal. Cofiodd Pettigrew iddo fynd â'r ffrwyth gydag ef i lawer o sioeau, a neb wedi gweld ffrwyth tebyg iddo o'r blaen. Gwbrwyodd yr RHS ef â'r *award of merit* ym 1899 am 'Gabalva' a cheir disgrifiad manwl ohono mewn cylchgronau o'r cyfnod, ond hyd y gwyddom ni heddiw, diflannodd y math hwn o afal yn llwyr. Symbol felly i ryw raddau o'r hyn a gollwyd ydyw – ond hefyd, o ystyried ei wreiddiau Cymreig a'i nodweddion arbennig fel afal, mae'n awgrym o'r hyn a allai ymddangos eto.

Perllan aeafol (© Andrew Tann)

Rhai o wneuthurwyr seidr a sudd afal Cymru heddiw: 1. Pant Du; 2. Ralph's Cider; 3. Gwynt y Ddraig

GWYNT Y DDRAIG

OAK MATURED
FARMHOUSE CIDER

MADE IN WALES

Tel: 01446 795 709 + 01443 217 274

Pam bod rhai afalau'n cael eu disgrifio fel afalau bwyta, neu afalau seidr neu afalau coginio?

Fel arfer, disgrifio'r ffordd y mae math penodol o afal yn tueddu cael ei ddefnyddio rydym ni. Does dim rheol i ddweud na allwch fwyta afal seidr, er enghraifft, nac ychwaith goginio afal bwyta, heblaw am flas a chwaeth. Mae'n gyffredin i rai afalau gael eu defnyddio mewn mwy nag un ffordd; er enghraifft defnyddir afalau bwyta yn aml wrth greu seidr neu i wneud tarten afal rywfaint yn felysach.

Ar draws y canrifoedd, fodd bynnag, ac yn arbennig yn Lloegr, dechreuwyd bridio afalau yn unswydd at un pwrpas, boed hynny'n seidr, neu i'w bwyta fel danteithion ar ôl pryd bwyd yn y tai mawrion, neu goginio. Yng Nghymru roedd y sefyllfa yn wahanol: mae nifer mawr o'r mathau cynhenid Cymreig yn gymysg eu defnydd, sydd ddim yn peri syndod wrth feddwl mai ar ffermydd a thyddynnod roedd pobl yn eu tyfu, a'u bod eisiau afalau at bob pwrpas yn hawdd.

Mae afalau coginio yn tueddu i fod yn fwy o faint, yn ddwysach ac yn tueddu tyfu'n well nag afalau bwyta mewn ardaloedd gwlypach. Mae ar afalau bwyta angen mwy o heulwen er mwyn datblygu eu blas yn iawn; afalau seidr yw'r hawsaf i'w tyfu ac maent yn datblygu lliw da yn gymharol hawdd. Maen nhw hefyd yn tueddu i fod yn llai o faint nag afalau bwyta neu goginio, ac yn aml yn galetach hefyd.

Un nodwedd arbennig ar nifer o'r mathau Cymreig yw bod modd eu lluosogi yn llysieuol, h.y. trwy eu 'cadeirio' neu dyfu 'crachgoed' – coeden fechan sy'n deillio o'r goeden wreiddiol. Mae hyn yn arbennig o wir am fathau sy'n

1. Afal 'Brithmawr' o ardal Gwynllwg sir Fynwy (© Carwyn Graves); 2. 'Marged Niclas' o ddyffryn Tywi, y mae DJ yn sôn amdano yn ei hunangofiant, 'Hen Dŷ Ffarm' (© Dr John Savidge) 3. 'Monmouth Green', afal a oedd ar un adeg yn gyffredin iawn yn y de-ddwyrain (© Dr John Savidge); 4. 'Llanfyrnach' – dirgelwch blasus o'r pentre sy'n dwyn yr un enw yng ngogledd Sir Benfro (© Carwyn Graves)

hanu o'r gorllewin llaith, ac yn medru arbed llawer o waith i'r sawl a fyn eu tyfu!

Monmouthshire Beauty
(Cissy, Tamplin, Tampling)

Afal deniadol, phersawrus a choch tywyll ei liw. Fe'i tyfwyd gyntaf gan ddyn o'r enw Tampling o ardal Malpas, Casnewydd, yn y 1790au. Enillodd yr afal ei blwyf yn y cylch, a pharhaodd chwaer Tampling, Cissy, i ddosrannu impiadau o'r goeden yn yr ardal wedi iddo farw (ac felly cododd yr enwau gwahanol am yr afal). Noda Basham (1899) mai un o'r mathau mwyaf poblogaidd i'w tyfu at y farchnad mewn rhannu o Sir Fynwy ar ddiwedd y 19eg ganrif oedd hon. Fe'i harddangoswyd yn y Gynhadledd Afalau Genedlaethol ym 1883 o dan yr enw 'Monmouthshire Beauty' – gan beri rhagor o ddryswch ynglŷn a'r enw! 'Tamplin' roedd y bobl leol yn ei alw, fodd bynnag. Derbyniodd yr afal wobr gan yr RHS yn 1902.

Dyga'r coed gnwd da, yn enwedig ar ben y brigau, a bydd y ffrwyth yn barod i'w fwyta ym mis Medi. Mae'r cnawd yn gadarn, melys a chyfoethog ei flas. Mewn rhai ardaloedd gall fagu crachen.

Marged Niclas (Morgan Niclas)

Yn perthyn i'r afal hwn mae'r hynodrwydd o fod yn un o'r ychydig rywogaethau Cymreig o afal i'w grybwyll mewn llenyddiaeth Gymraeg. Sonia D.J.

Cofrestr Afalau Cymreig

Yn y tabl hwn mae rhestr o'r holl fathau cynhenid o afal a dyfir yn y Berllan Dreftadaeth yn Ardd Fotaneg Genedlaethol Cymru. Ceir hefyd wybodaeth am y mathau coll y gwyddom rywfaint amdanynt.
1. Credir mai gwyriad ('sport') o Egremont Russet yw hwn; 2. Efallai mai enw arall ar Lord Grosvenor neu wyriad ohono yw hwn; 3. Efallai mai gwyriad eilflwydd yw hwn; 4. Yn cadw'n dda; 5. Mae ymchwil diweddar yn awgrymu mai enw arall ar hen afal Saesneg, Dr Harvey, yw hwn; 6, Mae ymchwil diweddar yn awgrymu mai enw arall ar Scotch Bridget neu wyriad ohono yw hwn; 7. Yn blodeuo'n hwyr iawn; 8. Efallai mai enw arall ar Beauty of Kent neu wyriad ohono yw hwn; 9. Efallai mai afal o'r math 'Burr Knot' yw hwn; 10. Credir bod yr afal hwn ar goll.

Enw	Nodyn	Enwau eraill hysbys	Lleoliad	Lliw	Defnydd (Afal Bwyta/ Afal Coginio/ Seidr)
Afal Glansevin	5	Dr Harvey	Sir Gaerfyrddin		
Afal Pen Caled			Sir Aberteifi	Melynwyrdd	C
Afal Pren Glas			Sir Aberteifi	Gwyrdd/streipiau coch	B
Afal Tinyrwydd	2		Sir Gaerfyrddin	Gwyrdd/euraidd	B/C
Afal Wern	6		Sir Benfro	Rhytgoch (russet) a Gwyrdd	B/C
Baker's Delicious			Sir Fynwy	Coch/streipiau melyn	B
Bardsey Apple		Afal Enlli	Ynys Enlli	Coch/streipiau melyn	B
Bassaleg Pippin	10		Sir Fynwy	Gwrid coch	B
Breakwell's Seedling				Coch/streipiau melyn	S
Brith Mawr		Brithmawr	Caerdydd	Coch/streipiau melyn	C
Broom			Sir Fynwy	Melyn ag ambell i wrid coch	S
Burr Knot		Burrknot	De Cymru	Gwyrdd ag ambell i wrid coch	B/C
Cadwalader			Sir Frycheiniog		S
Champagne Apple			Gwynedd	Coch	B
Channel Beauty			Abertawe	Melynwyrdd ag ambell i wrid coch	B
Cissy		Mon'shire Beauty, Tamplin, Tampling	Sir Fynwy		B
Cox Cymreig	11		Sir Gaerfyrddin	Coch + rhytgoch	B
Cummy Norman				Coch	S
Diamond Apple			Gwynedd	Coch	B

Name	No.	Alt. name	Location	Colour	B/C/S
Eglwys Wen			Caerdydd	Melyn	B/C/S
Forman's Crew	10		Merthyr	Rhytgoch (russet)	
Frederick				Coch	S
Gabalva	10	Gabalfa	Caerdydd	Coch/streipiau melyn	B/C
Gelli Aur	8		Sir Gaerfyrddin	Melyn	C
Gwell na Mil	3, 4	Seek no Further	Sir Fynwy	Coch/Melyn a peth rhytgoch	C
Jojo's Delight			Ynys Enlli		B/C/S
Landore	7	Monmouth Green	Sir Fynwy/ Sir Frycheiniog	Melyn	S
Leathercoat			Dinefwr	Rhytgoch (russet)	B
Llanfyrnach	Yn ôl pobl leol, daeth y math hwn o afal i'r ardal yn ystod yr 1960au o'r cyfandir.			Gwyrdd	B
Llwyd Hanner Coch				Melyn	
Machen			Sir Fynwy	Coch	B/C
Marged Nicolas		Morgan Nicolas	Dinefwr	Melyn	B/C/S
Morgan Sweet				Melyn ag ambell i wrid coch	B/C/S
Nant Gwrtheyrn	11		Sir Feirionnydd	Rhytgoch (russet)	B
North Pembroke-shire Russet	9		Sir Benfro	Rhytgoch	B
Pethyre			Sir Fynwy	Melyn	S
Pig Aderyn			Sir Aberteifi	Gwyrdd/streipiau coch	B/C/S
Pig Skin	1	Croen Mochyn	Sir Fôn	Rhytgoch (russet)	B
Pig y Frân			Sir Fôn	Coch	S
Pig yr Ŵydd			Dinefwr	Gwyrdd	C
Porter's Sharp			Sir Fynwy	Melynwyrdd	S

Y goeden afal Enlli wreiddiol ar yr ynys honno

Rhyl Beauty	Kenneth		Sir Ddinbych		B
St. Cecilia			Sir Fynwy	Coch/streipiau melyn	B
Talgarth		9	Sir Frycheiniog	Melynwyrdd	B/C
Trwyn Mochyn			Sir Fôn	Gwyrdd	C
Twyn y Sherriff			Sir Fynwy	Gwyrdd	S

Williams yn ei hunangofiant, 'Hen Dŷ Ffarm', am yr afalau a dyfid ar y ffermydd a adwaenai'r awdur yn ystod ei blentyndod yn ardal Llansawel yn y 1890au. Tyfir 'Marged Niclas' o hyd ar hen goed yn ardal Dinefwr, ond fe gollwyd yr hen 'Afal Bwen Bach' i ebargofiant.

Mae lliw melynaidd i'r afal, a thu fewn melys a chadarn ganddo, er ychydig yn sych, ac o ganlyniad gellir ei ddefnyddio fel afal bwyta, afal coginio neu i wneud seidr. Bydd yr afal yn aeddfedu ym mis Tachwedd a bydd yn cadw hyd fis Chwefror.

Monmouth Green (Landore)

Afal croes-ddiwylliannol a dyfid yn gyffredin yn Swydd Henffordd a rhannau cyfagos o Gymru yn ystod canol y ddeunawfed ganrif ac o bosib yn gynt na hynny. Sioni bob peth oedd yr afal hwn, ac fe'i tyfir o hyd mewn perllannau yn perthyn i ffermydd ar lethrau'r Mynyddoedd Du. Gwnaeth enw iddo'i hun fel afal a ddygai gynhaeaf da hyd yn oed mewn amodau anffafriol i dyfu afalau. Sonnir amdano yn nyddiadur y curad cefn gwlad, Francis Kilvert, a gofnododd yn ystod ei gyfnod yng Nghleirwy, ger y Gelli Gandryll, y bu iddo dderbyn 'tri afal Landore, afal cadw hen-ffasiwn; da iawn'.

Bydd yr afal, sy'n barod ar ddiwedd mis Hydref, yn cadw hyd fis Chwefror ac fe ellir ei ddefnyddio fel afal bwyta hwyr, neu, o ganlyniad i'w flas di-fflach, fel afal coginio. Bydd y canol, sy'n wyn ac yn weddol ddwys, yn coginio'n stwnsh ond ni fydd yn malu'n llwyr.

Brith Mawr

Er bod yr enw yn ddisgrifiad digon cywir o'r ffrwyth, ychydig iawn a wyddom am hanes yr afal hwn. Fe'i harddangoswyd

Hen's Turd, afal o'r Gororau

Arddangosfa o gannoedd o fathau o afalau yn Amgueddfa Werin Cymru

gan John Basham, Meithrinfa Fairoak, Basaleg, yng Nghynhadledd Afalau a Gellyg yr RHS ym 1934, ond wedi hyn diflannodd o'r holl gofnodion, ac erbyn y 90au rhywogaeth goll oedd 'Brith Mawr' i bob pwrpas. Yn ffodus fe'i hail-ddarganfuwyd; daethpwyd o hyd i'r goeden yn tyfu mewn gardd ger Caerdydd rai blynyddoedd yn ôl, a chadarnhaodd rheolwr olaf Meithrinfa Fairoak mai Brith Mawr oedd yr afal ychydig cyn iddo farw. Parhau mae'r ymchwil am fathau eraill o afal sy'n gynhenid i dde Cymru, megis 'Gabalfa' o Gaerdydd.

Yn unol â'r enw, prif nodwedd yr afal hwn, sy'n gymharol fawr o ran maint, yw ei groen brith, gyda haenen felen wedi'i hanner gorchuddio â llinellau llydan o goch tywyll.

Morgan Sweet

Mae'n bosib mai 'Glamorgan Sweet' oedd hwn yn wreiddiol, er bod honiadau hefyd mai o Wlad yr Haf y daw yr afal melyn hwn. Afal aml ei ddefnydd, da at wneud seidr ond digon melys i'w fwyta. Un o'i

1. *Afal Enlli*; 2. *Martin Nonpareil (afal o Gaerwrangon a ail-ddarganfuwyd ar ôl blynyddoedd lawer)*; 3. *Baker's Delicious*; 4. *Twyn y Sheriff*

brif nodweddion yw mor feddal ydyw. Yn ôl y stori, roedd yr afal yma yn boblogaidd iawn gyda glowyr de Cymru. Byddent yn mynd i lan y môr y Barri neu Borthcawl yn ystod eu gwyliau haf ym mis Awst, a byddai ffermwyr o wlad yr Haf yn dod â'r afalau hyn draw. Morgan Sweet oedd y cyntaf i aeddfedu ac roedd mor feddal fel bod y glowyr gyda'u dannedd gwan a'u deintgig sensitif yn medru eu bwyta yn ddi-boen mewn un llowciad!

Achub yr hen afalau

Chwilotwyr afalau! Nid term sydd wedi ennill ei blwyf, efallai, ond un fyddai'n gweddu i'r dim i rai o arwyr tawel byd ffrwythau yng Nghymru. Unigolion sydd gyda ni i ddiolch am y ffaith bod y mathau Cymreig o afal sydd wedi goroesi yn dal gyda ni, pobl sydd wedi dod ar draws hen goed afalau unigryw, ac wedi defnyddio eu sgiliau garddwriaethol i sicrhau nad ydy'r mathau yna o afal yn diflannu pan fo'r goeden yn marw.

gwahanol mathau o afal yn codi yn y lle cyntaf, a beth yw 'math' o afal. Petaech chi'n cymryd afal a phlannu'r hadau sydd yn yr afal hwnnw, byddai'r goeden a dyfai ohono yn y pen draw yn cynhyrchu math cwbl newydd o afal. Blas ofnadwy fyddai ar y math hwnnw, fwy na thebyg. Ond bob hyn a hyn, mae blas da i'r math newydd o afal (neu canfyddir ei fod yn creu seidr cryf!), ac wrth reswm, roedd pobl eisiau ffordd o gynhyrchu rhagor ohonynt.

Ond beth yw pwysigrwydd achub hen goed? Er mwyn ateb y cwestiwn hwnnw mae'n rhaid deall sut mae

Olion perllan Cwm-yr-arian: Tybed pa fathau o afal sydd yma? Ai hen fathau eraill cynhenid, a gollwyd i'r genedl ond a ddaw yn ôl eto nawr?

'Impio' oedd yr ateb. Techneg a ddisgrifiwyd gyntaf gan y Rhufeiniaid yw impio (*grafting* yn Saesneg). Rhaid torri brigyn ifanc o'r goeden ddewisiol, tra bod y goeden honno yn cysgu yn y gaeaf. Yna cysylltu'r brigyn hwnnw wrth y toriad i goeden ifanc arall, y

'gwreiddgyff' (*rootstock* yn Saesneg). Coeden afalau yw'r gwreiddgyff, ond un sy'n eithriadol o egnïol a chryf, ac a fyddai ar ei phen ei hun yn cynhyrchu afalau bychain, caled a sur. Rhwymo'r brigyn wrth y gwreiddgyff, ac yna gweddïo y bydd yn 'cydio'; hynny yw, y

bydd y cysylltiad wedi ei wneud yn ddigon da fel bod y ddau ddarn yn cael eu twyllo i feddwl mai'r un goeden ydyn nhw! Os felly, yn y gwanwyn bydd y sudd yn codi, a'r brigyn yn blaguro a deilio. Bydd coeden newydd yno, gyda gwreiddyn cryf y gwreiddgyff ond yn cynhyrchu'r afalau blasus o'r brigyn. Proses ddigon gwyrthiol, ar sawl gwedd.

Ac o hyn daw pwysigrwydd hen goed; hebddynt, byddai'n amhosib cael brigau i impio a chreu coed newydd. Dim iws cael yr hadau oddi wrth ryw hen afal a'u rhewi – achos rhywbeth hollol newydd fyddai'n deillio o hynny. Er mwyn cadw hen fathau o afalau, rhaid cadw pob un yn fyw – fel coed.

Ac felly y chwilotwyr afalau. Er mwyn cadw hen fathau lleol o afal, roedd rhaid darganfod yr hen goed mewn perllannau neu ar glosydd fferm ar hyd a lled y wlad, a chymryd brigau oddi wrthynt er mwyn impio.

Un o'r rhain yw Paul Davis, perchennog meithrinfa Dolauhirion yn y bryniau ger Llandeilo, ac un fu'n gyfrifol am achub o leia bump o'r rhywogaethau Cymreig a hyrwyddo nifer o'r lleill am y tro cynta. 'Wel, nid ar fy mhen fy hun,' eglurodd ar brynhawn braf o fis Ebrill. 'Gweithio trwy MAN – y Marcher Apple Network, o'r gororau – yr oeddwn i yn wreiddiol. Gofynnodd rhai o swyddogion Cyngor Cefn Gwlad Cymru i MAN roi cymorth iddynt i wneud arolwg o ddeuddeg hen berllan yn rhan uchaf dyffryn Tywi ar ddechrau'r 1990au. Cymerais i beth o'r pren a'u himpio – a darganfuom ni mai hen afalau Cymreig cynhenid oedd rhai o'r coed!'

Ar y pryd dim ond rhyw bum afal o Gymru oedd yn bodoli'n swyddogol ar restr gynhwysfawr y Casgliad Ffrwythau Cenedlaethol yn Swydd Caint. 'Ond roedd gyda ni deimlad bod rhagor i gael mas yna,' meddai Paul. 'Dim ond i chi gadw eich llygaid ar agor, roedd y dystiolaeth yn blaen. Edrychais i ar fap o 1905 o ddyffryn Tywi rhwng Llandeilo a Llanymddyfri – roedd 150 o berllannau gwahanol yn y rhan honno yn unig! A wedyn dych chi'n dechrau siarad gyda phobl. Dyma un fenyw oedrannus yn dweud wrthyf bod ei mam hi yn arfer dod â hi i ddyffryn Tywi bob gwanwyn i weld llawr y dyffryn yn wyn dan flagur, mor gyffredin oedd coed afalau ar y pryd!'

Dros y blynyddoedd, dechreuodd fynd ar drywydd rhai o'r hen fathau Cymreig, byddai'n clywed hen bobl yn sôn amdanynt, neu y byddai'n dod ar hyd cyfeiriad iddynt mewn hen lyfr neu erthygl. Daeth ar draws 'Afal Wern' trwy gwsmer; 'Pig Aderyn', 'Pren glas' a 'Pen caled' i gyd ar yr un pryd mewn hen berllan yn Llandudoch. 'Roedd mam y perchennog ar y pryd wedi llunio cynllun o'r berllan, ac wedi nodi yr enwau hyn – hen enwau Cymraeg. Mewn fawr o dro roeddwn i a 'nghyfeillion o MAN wedi darbwyllo ein hunain nad mathau cyffredin o Loegr oedd rhain o gwbl.'

Daeth afal 'Talgarth' o'r bryn uwchben y pentref. 'Hen afal hyll mewn gwirionedd – ond un blasus iawn. A nodwedd arbennig iawn yr afal yma yw eich bod yn medru ei blannu heb impio! Hynny yw, cymryd brigyn, plannu hwnnw yn y ddaear ac fe dyfith coeden newydd o'r un math.' Â yn ei

flaen i esbonio bod yr hynodrwydd yma yn perthyn i nifer o'r mathau Cymreig. 'Ie, 'Gelli Aur' a 'North Pembrokeshire Russet' hefyd – maen nhw i gyd yn tyfu fel hyn. A dweud y gwir, fe allai fod yn un o'r pethau pwysicaf oll am y mathau cynhenid Cymreig.'

A oedd Paul o'r farn fod yna gysylltiad rhwng yr afalau hyn felly – cysylltiad hanesyddol? 'O, does dim amheuaeth gen i. Mae'n ormod o gyd-ddigwyddiad. Mae Cymru, ac yn enwedig gorllewin y wlad, mor llaith fel bod coed yn medru bwrw gwreiddiau yn llawer haws yma nag yn y rhan fwyaf o Loegr, neu ar y cyfandir. Addasu i'r amodau mae'r pren afal, a chymerodd ffermwyr Cymru fantais o hyn. Byddai ffermwyr yn cymryd brigau a'u plannu yn y cloddiau. Dim gwaith!' Mae'n esbonio mai'r enw ar y nodwedd yma yw *'burr knot type'*, a'i fod yn gyffredin yn rhai o goed afalau Iwerddon hefyd. 'Tybed hefyd nad oes rhyw gysylltiad hanesyddol. Aeth teulu Vaughan o stad Gelli Aur i Iwerddon ar ôl y

1. *Coed afalau wedi eu himpio* 2. *Yn eu blodau* 3. *Yn barod i'w plannu*

Afalau Cymru 119

DOLAU HIRION
Fruit Trees

trefedigaethu yno. Aethon nhw â rhai o'u coed i'w plannu yno? Neu ddod â choed yn ôl oddi yno i'w plannu yma?' Felly doedd ffermwyr Cymru ddim yn impio – o leia ar lawr gwlad. Roedd perllan fawr ger Llanwrda, Tir Alan, â thros 100 o goed yno. Plannwyd y coed mewn rhesi yn y1920au, ac roedd y mwyafrif o'r coed yn rhai o gatalogau Seisnig. Ond fan hyn a fan draw ar draws y rhesi dyma ddarganfod coed 'Marged Niclas' – coed lleol gyda'r nodwedd 'burr knot'. Cred Paul bod rhain wedi eu plannu lle roedd y coed a brynwyd wedi marw h.y. bod y ffermwyr lleol wedi gwneud yn ôl eu harfer a phlannu brigau o'r pren lleol gan wybod nad oedd angen eu himpio.

A oedd Paul yn credu bod rhagor o

hen afalau Cymreig yn dal i'w darganfod? 'Heb os. Os meddyliwch chi bod hen goed afalau yn gallu byw ymhell dros 100 oed, a'r nifer rydym ni wedi eu hailddarganfod dros yr ugain mlynedd diwetha, dwi'n siŵr bod rhagor.' Aeth ymlaen i ddweud ei fod e'n chwilio ar hyn o bryd am afal o ardal Llansawel o'r enw 'Pren Miles'. Roedd rhywun wedi sôn wrtho amdano, ac roedd cyfeiriad ato hefyd mewn llyfr nodiadau a oedd yn perthyn i brentis yn ardal Llandeilo ganrif yn ôl. 'Dwi wedi ystyried rhoi posteri yn y tafarndai yn yr ardal – 'old apple – wanted dead or alive!'

Os daw llwyddiant i'r fenter honno neu beidio, mae ar arddwriaeth yng Nghymru ddyled i Paul ac eraill tebyg iddo fu'n chwilota afalau – ymchwil ffrwythlon iawn yn y pen draw.

Polidwneli Dolau hirion

Rhestr o werthwyr coed afalau

Paul Davis (http://www.applewise.co.uk)
Meithrinfa Ffrwythau Dolauhirion
Capel Isaac
Llandeilo
Sir Gaerfyrddin SA19 7TG

Welsh Mountain Cider and tree nursery
(http://www.welshmountaincider.com)
Prospect Orchard
Capel Newydd
Llanidloes
Powys SY18 6JY

Ian Sturrock
(http://www.iansturrockandsons.co.uk)
Pen y Bonc
Lôn Cytir
Bangor
Gwynedd LL57 4DA

Gwynfor Growers
(https://www.gwynfor.co.uk)
Gwynfor
Pontgarreg
Llandysul SA44 6AU

Gwerthwyr da y tu allan i Gymru

Yn gwerthu mathau prin a hanesyddol o goed afalau:
Kevin Croucher
(http://www.thornhayes-nursery.co.uk)
Thornhayes Nursery
St. Andrews Wood, Dulford
Cullompton EX15 2DF

Yn gwerthu mathau prin a hanesyddol trwy'r post (yn ystod y tymor):
Andrew Tann
(https://crapes.wordpress.com)
Crapes Fruit Farm
Rectory Road
Aldham
Colchester
Essex CO6 3RR

Cynhyrchwyr seidr

Gellir dod o hyd i restr gyflawn oddi wrth Gymdeithas Seidr a Pherai Cymru:
(https://www.welshcider.co.uk)

Diolchiadau

Celwydd noeth yw nodi enw un awdur ar glawr y gyfrol hon. Gwaith tîm oedd y fenter hon oddi ar ei chychwyn, ac mae fy nyled i'r tîm hwnnw yn fawr. Wedi ymhell dros fil o ebyst yn ymwneud â'r prosiect hwn, ni allai'r llyfr fod wedi gweld golau dydd heb gymorth Dr Andrew Morton. Mae fy niolch iddo yn fawr.

Bu llu o bobl sy'n gysylltiedig â'r Ardd Fotaneg Genedlaethol yn frwd eu cefnogaeth a chymwynasgar iawn eu hamser a'u hegni. Diolch yn fawr iawn i Margot Greer, Loretta Gibbs a Gill Bennett hefyd am bopeth a wnaethoch chi – mae ôl eich gwaith caled ar y llyfr hwn! Hoffwn ddiolch hefyd i Simon Goodenough, Curadur yr Ardd, a'n helpodd i sefydlu'r Berllan Dreftadaeth yno, a Rosie Plummer fu mor egnïol ei chefnogaeth. Hoffwn ddiolch hefyd i Will Ritchie, y Curadur presennol o Albanwr sydd wedi ymgartrefu yng nghefn gwlad Sir Gâr, ac i Blue Barnes-Thomas am eu holl gefnogaeth hwythau.

Bu cael y lluniau yn y llyfr hwn at ei gilydd yn ben tost heb ei ail. Rhaid diolch yn y cyd-destun hwn i Dyfan Graves, Alex Shaw, Dr Carys Jones, Wade Muggleton, Andrew Tann a'r Teulu Pettigrew am wneud y gwaith yn haws nag y byddai fel arall.

Ni ellid bod wedi cyhoeddi'r llyfr heb sôn am seidr, ac i John Williams-Davies mae'r diolch am y drydedd bennod yn y gyfrol hon bron i gyd. Bu ei waith arloesol yn fodd unigryw i bontio'r hen draddodiad gyda'r un newydd sydd ar gynnydd. Felly hefyd MAN (Marcher Apple Network) am estyn eu diddordeb y tu hwnt i'r Mers ac i fyd afalau Cymru. Bu Anne Loughran yn garedig iawn ei chymwynas gyda mi o ran prawfddarllen y testun yn amyneddgar, a rhaid diolch hefyd i Myrddin a'i griw am eu cymorth wrth drosglwyddo'r llyfr o'r cyfrifiadur a'i gyflwyno i'r byd!

Nid ar chwarae bach yr ymgymerir â thasg fel hon, ond hyd yn oed gan wybod hynny, ddisgwyliais i erioed y byddai saith mlynedd yn mynd heibio cyn gweld cyhoeddi'r gwaith. Am y pum mlynedd ddiwethaf, bu Sarah yn amyneddgar dros ben wrth i mi lafurio ar lyfr mor draflyncus â hwn o ran amser. Cyflwynaf fy niolch a'm cariad i ti.

Nodiadau

[1] Annette Yates, *The best of traditional Welsh cooking* (London: Southwater, 2010), t. 13

[2] Brown, P., *The Apple Orchard* (London: Penguin, 2016)

[3] John Wacher, *A portrait of Roman Britain* (London: Routledge, 2000), t. 24

[4] Ibid., t. 52

[5] http://vindolanda.csad.ox.ac.uk/4DLink2/4DACTION/WebRequestQuery

[6] Pete Brown a Bill Bradshaw, *A guide to Welsh Perry and Cider* ([Crumlin]: Welsh Perry & Cider Society, 2013), t. 17

[7] Fergus Kelly, *Early Irish Farming* (Dublin: Dublin Institue for Advanced Studies, 1997), t. 259

[8] Elisabeth Whittle, *The Historic Gardens of Wales* (Caerdydd: Cadw, 1992), t. 8

[9] Michael Porter, *Welsh Marches Pomona* ([Ashford Carbonnell]: Marches Apple Network, 2010), t. 10

[10] Ffransis G. Payne, *Cwysau: casgliad o erthyglau ac ysgrifau* (Llandysul: Gwasg Gomer, 1980), t. 30

[11] http://newint.org/features/1990/10/05/simply/#.dpuf

[12] Elisabeth Whittle, op.cit., t.12

[13] Ibid., t. 11

[14] Ibid., t. 8

[15] Ffransis G. Payne, op. cit., t. 33

[16] Jones, G. R. J., 'Churches and secular settlements in ancient Gwynedd' yn *Cambria*, rhifyn 43

[17] Gwybodaeth gan gysylltiadau personol yr awdur

[18] David H. Williams, *White Monks in Gwent s and the border* (Pontypŵl, Hughes & Sons, 1976), t. 114

[19] Elisabeth Whittle, op. cit., t. 10

[20] Lewis, *Braslun o Hanes Llenyddiaeth Gymraeg*, 100

[21] Peterson, *The Wye Valley*, t. 298 (London: Collins, 2008)

[22] David H. Williams, op. cit., t. 81

[23] Lyn Ebenezer, *The Thirsty Dragon* (Llanrwst: Gwasg Carreg Gwalch, 2006), t. 16

[24] David H.Williams, *The Welsh Cistercians* (Cyfrol 2), (Ynys Bŷr, Dinbych y Pysgod: Cyhoeddiadau Sistersiaidd, 1984), t. 317

[25] https://archive.org/stream/b21961165/b21961165_djvu.txt

[26] Elisabeth Whittle, op. cit., t. 17

[27] Ibid., t. 18

[28] Ibid., 21

[29] Ibid., 35

[30] Ibid., 36

[31] Jones, J. Gwynfor, 'Agweddau ar dwf Piwritaniaeth yn Sir Gaernarfon' yn *Y Traethodydd*, 231

[32] Elisabeth Whittle, op. cit., t. 39

[33] Ibid., t. 69

[34] Marion Löffler, *The literary and historical legacy of Iolo Morganwg*, t. 108

[35] Geraint Jenkins (ed.), *A rattleskull genius – the*

many faces of Iolo Morganwg (Caerdydd: Gwasg Prifysgol Cymru, 2009), t. 217

36 Joan Morgan, Alison Richards & Elisabeth Dowle, The New Book of Apple (Ebury, 2002),t. 78

37 Jones, 'Angen y byd ac ymateb yr eglwys', yn Y Traethodydd, cyfrol 16, (1948)

38 Margaret Evans, 'Heol Ddu' yn Carms History, Cyfrol 8, 1971

39 D.J. Williams, Hen Dŷ Ffarm, t. 120

40 William Williams, 'Fy ewythr Huw a modryb Marsli' yn Lleufer, cyfrol 11, 1955

41 Mather, 'Yr Hen Olygydd' yn Y Traethodydd, cyfrol 4 (1916)

42 Hettie Glyn Davies, Edrych yn ôl: hen atgofion am bentref gwledig, t. 68

43 Joan Morgan, Alison Richards & Elisabeth Dowle, op.cit., t. 61

44 Muller, Gower, 332–4

45 Joan Morgan et al., op. cit., t. 106

46 Ibid., t. 107

47 Ibid., t. 114

48 Ibid., t. 120

49 John Williams-Davies, Cider-making in Wales, t. 6

50 John Basham, art. cit., 271

51 Ibid., 272

52 Trefor M. Owen, Welsh Folk Customs (Caerdydd: Amgueddfa Werin Cymru, 1959), t. 126

53 Davies, 'Ofergoelion a defion doe' yn Y Traethodydd, cyfrol 13 (1925)

54 Ibid., 127

55 Ibid., 134

56 Ibid., 58

57 Phyllis Kinney, 'Hunting the wren', Welsh Music History, cyfrol 6, 2004

58 Griffith, 'Bwyd ac Iechyd' yn Lleufer, cyfrol 1 (1944)

59 Cledwyn Hughes, A wanderer in North Wales, (London: Phoenix House, 1949), t. 103

60 Syr Bedwyr, 'Diwrnod o fywyd Mr Lloyd-George' yn Y Ford Gron, cyfrol 4, rhif 8, 1934

61 John Basham, op. cit., t. 274

62 Jenkins, 'Hywel Harris y Ffarmwr' yn Lleufer, cyfrol 8, 1952

63 Phillips, 'Cider making on the Gwent flatlands', yn Gwent Local History, rhif 60, 1986

64 Walters, 'Fe rydd y gwenyn lwyth o ffrwyth a mêl' yn Y Ford Gron, cyfrol 4, rhif 1, 1933

65 Golygyddol, 'Codi Ffrwythau' yn Y Ford Gron, cyfrol 4, rhif 11, 1934

66 Evans, C. J. O., Glamorgan: its history and topography, (Caerdydd: Williams Lewis, 1943), t. 136

67 Griffiths, 'Hynt y sandalau gan Dewi Thomas' yn Lleufer, cyfrol 26, rhif 2, (1975–6)

68 R. Gerallt Jones, 'Cerdd i'r Hen Dyddynwr' yn Y Traethodydd, cyfrol 133, rhif 566, (1978)

69 David H.Williams, White Monks in Wales and the Borders, t. 126

70 GGG, gan ychwanegu dyfynnir yn John Williams-Davies, op. cit., t. 2

71 Roger Phillips, 'Cider Making on the Gwent flatlands', Gwent Local History, rhifyn 60 (1986), 22–9

[72] Michael Porter, op. cit., t. 10
[73] John Williams-Davies, op. cit., 3
[74] Ibid., 5
[75] Ibid., 5
[76] John Williams-Davies, op. cit., 14
[77] Ibid., 14
[78] Ibid., 14
[79] Pete Brown, op. cit., t. 256
[80] John Williams-Davies, op. cit., t. 19
[81] Ibid., t. 37
[82] John Williams-Davies, op. cit., t. 33
[83] Ibid., t. 43
[84] 'Ffransis G. Payne, 'Pacmon yng Ngheredigion', yn *Y Llenor*, cyfrol 11 (1932)
[85] Cledwyn Hughes, op.cit., t. 63
[86] John Williams-Davies, op. cit., 47
[87] Joan Morgan et al., op. cit., t. 127
[88] http://www.drinkswales.org/cider-producers
[89] http://decouvronsnosvergers.fr/vergers-de-france/le-verger-conservatoire-darborepom/ http://www.ouest-france.fr/jean-pierre-roullaud-est-tombe-dans-les-pommes-2978114
[90] http://www.ciderireland.com/a-brief-history/
[91] Joan Morgan et al., op. cit., t. 114
[92] 'Cartrefi Heirdd Cymru' yn *Y Ford Gron*, cyfrol 1, rhifyn 3 (1931)
[93] John Basham, op. cit., t. 280

Un arall o hen afalau'r Gororau, 'Burr Knot Howard' (© Tim Afalau Treftadaeth Cymru)

Llyfryddiaeth

Basham *Fruit in Monmouthshire and South Wales* (1899)

Bond, J., *Monastic Landscapes* (Stroud: The History Press, 2004)

Bradshaw, B., and Brown P., *The Guide to Welsh Perry and Cider* (Wales: Welsh Perry and Cider Society, 2013)

Brown, P., *The Apple Orchard* (London: Penguin, 2016)

Davies, H. G., *Edrych yn ôl: Hen atgofion am bentref gwledig* (Liverpool: Gwasg y Brython, 1958)

Ebenezer, L., *The Thirsty Dragon* (Llanrwst: Gwasg Carreg Gwalch, 2006)

Evans, C. J. O., *Glamorgan: its history and topography* (Caerdydd: Williams Lewis, 1943)

Evans, G., 'Heol Ddu' yn *Carms History* Cyfrol 8 (1971)

Hughes, C., *A wanderer in North Wales* (London: Phoenix House, 1949)

Jenkins, G. H., *A rattleskull genius; the many faces of Iolo Morganwg* (Caerdydd: Gwasg Prifysgol Cymru, 2005)

Kelly, F., *Early Irish Farming* (Dublin: Dublin Institute of advanced studies, 1997)

Lewis, S., *Braslun o Hanes Llenyddiaeth Gymraeg* (Caerdydd: Gwasg Prifysgol Cymru, 1932)

Löffler, M., *The literary and historical legacy of Iolo Morganwg 1826-1926* (Caerdydd: Gwasg Prifysgol Cymru, 2008)

Morgan, J., and Richards, A., *The New Book of Apples* (London: Ebury Press, 2002)

Mullard, J., *Gower* (London: Collins New Naturalist Library, 2006)

Owen, G. D., *Elizabethan Wales* (Caerdydd: Gwasg Prifysgol Cymru,, 1962)

Owen, T. M., *Welsh Folk Customs* (Caerdydd: Amgueddfa Genedlaethol Cymru, 1974)

Payne, F. G., 'Yr Hen Ardd Gymreig' in *Cwysau* (Llandysul: Gomer, 1980)

Peterson, G., *Wye Valley* (London: Collins New Naturalist Library, 2008)

Porter, M., *Welsh Marches Pomona* (Wales: Marcher Apple Network, 2010)

Thomas, P., *Llanfihangel Legends* (Llanfihangel Rhos-y-corn, 1989)

Tibbot, S. M., *Welsh fare* (Caerdydd: Amgueddfa Genedlaethol Cymru, 1976)

Wacher, J., *A portrait of Roman Britain* (London: Routledge, 2000)

Whittle, E., *The Historic Gardens of Wales* (London: HMSO, 1992)

Williams, D. H., *The Welsh Cistercians* (Dinbych y Pysgod: Gracewing , 1984)

Williams, D. H., *White Monks in Gwent and the Border* (Pontypŵl: Hughes a'i Fab, 1976)

Williams, D. J., *Hen Dŷ Ffarm/The Old Farmhouse* (Llandysul: Gomer, 2001)

Williams-Davies, J., *Cider Making in Wales* (Caerdydd: Amgueddfa Genedlaethol Cymru, 1984)

Yates, A., *The Best of Traditional Welsh Cooking* (London: Southwater, 2010)

Erthyglau

Jones, G. R. J., 'Churches and secular settlement in ancient Gwynedd' yn Cambria (Cyfrol 12, Rhif 1, 1985)

Jones, J. Gwynfor, 'Agweddau ar dwf Pwritaniaeth yn Sir Gaernarfon' yn Y Traethodydd (Cyfrol 141, 1986)

Williams, William, 'Fy ewythr Huw a modryb Marsli' yn *Lleufer* (Cyfrol 11, Rhif 4, 1955), 188-190

Mather, Z., 'Yr "Hen Olygydd"' yn Y Traethodydd (Cyfrol 4, 1916), 121-132

Jones, D. James, 'Angen y byd ac ymateb yr eglwys'

yn *Y Traethodydd* (Cyfrol. 16, 1948), 1-20

Davies, H. Jones, 'Ofergoelion a Defion doe' yn *Y Traethodydd* (Cyfrol. 13, 1925), 161-173

Kinney, Phyllis, 'Hunting the Wren/ Hela'r Dryw' yn Welsh Music History (Cyfrol 6, 2004), 104-128

Jenkins, R. T., 'Hywel Harris y Ffarmwr' yn *Lleufer* (Cyfrol 8, 1952), 25-30

Griffith, Moses, 'Bwyd ac Iechyd' yn *Lleufer* (Cyfrol 1, 1944), 12-15

Walters, D. W., 'Fe rydd y gwenyn lwyth o ffrwyth a mêl' yn *Y Ford Gron* (Cyfrol 4, Rhif 1, 1933), 7

Editorial, 'Codi Ffrwythau' yn *Y Ford Gron* (Cyfrol 4, Rhif 11 1934), 241

Syr Bedwyr, 'Diwrnod o fywyd Mr Lloyd-George' yn *Y Ford Gron* (Cyfrol 4, Rhif 8 1934), 181

Griffiths, E. H., 'Hynt y Sandalau gan Dewi W Thomas' yn *Lleufer* (Cyfrol 26, Rhif 2 1975-76), 51-52

Payne, Ffransis. G., 'Pacmon yng Ngheredigion' yn *Y Llenor* (Cyfrol 11, 1932), 140-157

Phillips, R., 'Cider making on the Gwent flatlands' yn Gwent Local History (Rhif 60 1986), 22-29

'Cartrefi Heirdd Cymru' yn *Y Ford Gron* (Cyfrol 1, Rhif 3 1931), 19

Jones, R. G., 'Cerdd i'r Hen Dyddynwr' yn *Y Traethodydd* (Cyfrol 133, 1978), 3-4